OUVRAGE PUBLIÉ SOUS LES AUSPICES DU MINISTÈRE DE L'INSTRUCTION PUBLIQUE

SOUS LA DIRECTION DE

L. JOUBIN, Professeur au Muséum d'Histoire Naturelle

EXPÉDITION
ANTARCTIQUE FRANÇAISE

(1903-1905)

COMMANDÉE PAR LE

Dr Jean CHARCOT

SCIENCES NATURELLES : DOCUMENTS SCIENTIFIQUES

TUNICIERS

PAR

SLUITER

Professeur à l'Université d'Amsterdam

PARIS

MASSON ET Cie, ÉDITEURS

120, Boulevard Saint-Germain, 120

EXPÉDITION ANTARCTIQUE FRANÇAISE
(1903-1905)

Fascicules publiés

Décembre 1906.

Expédition Antarctique Française

(1903-1905)

COMMANDÉE PAR LE

Dr Jean CHARCOT

CARTE DES RÉGIONS PARCOURUES ET RELEVÉES

PAR L'EXPÉDITION ANTARCTIQUE FRANÇAISE

———

Membres de l'État-Major :

Jean CHARCOT — A. MATHA — J. REY — P. PLÉNEAU — J. TURQUET — E. GOURDON

OUVRAGE PUBLIÉ SOUS LES AUSPICES DU MINISTÈRE DE L'INSTRUCTION PUBLIQUE

SOUS LA DIRECTION DE

L. JOUBIN, Professeur au Muséum d'Histoire Naturelle

EXPÉDITION
ANTARCTIQUE FRANÇAISE

(1903-1905)

COMMANDÉE PAR LE

Dr Jean CHARCOT

SCIENCES NATURELLES : DOCUMENTS SCIENTIFIQUES

TUNICIERS

PAR

SLUITER

Professeur à l'Université d'Amsterdam

PARIS
MASSON ET Cie, ÉDITEURS
120, Boulevard Saint-Germain, 120

LISTE DES COLLABORATEURS

Les mémoires précédés d'un astérisque ont paru.

MM. Trouessart .... *Mammifères.*
     Ménégaux .... *Oiseaux.*
     ★ Vaillant .... *Poissons.*
     ★ Sluiter .... *Tuniciers.*
     ★ Vayssière .... *Nudibranches.*
     ★ Joubin .... *Céphalopodes.*
     ★ Lamy .... *Gastropodes et Pélécypodes.*
     ★ Thiele .... *Amphineures.*
     Carl .... *Collemboles.*
     Roubaud .... *Diptères.*
     Trouessart .... *Acariens.*
     Bouvier .... *Pycnogonides.*
     ★ Coutière .... *Crustacés Schizopodes et Décapodes.*
Mlle ★ Richardson .... *Isopodes.*
MM. ★ Chevreux .... *Amphipodes.*
     ★ Quidor .... *Copépodes.*
     Nobili .... *Ostracodes.*
     Œhlert .... *Brachiopodes.*
     Calvet .... *Bryozoaires.*
     Gravier .... *Polychètes.*
     Hérubel .... *Géphyriens.*
     Jägerskiöld .... *Nématodes libres.*
     Railliet .... *Nématodes parasites.*
     Blanchard .... *Cestodes.*
     Guiart .... *Trématodes.*
     Joubin .... *Némertiens.*
     Hallez .... *Planaires.*
     Ed. Perrier .... *Crinoïdes.*
     ★ Koehler .... *Stellérides, Ophiures et Echinides.*
     ★ Vaney .... *Holothuries.*
     Roule .... *Alcyonaires.*
     Bedot .... *Siphonophores.*
     ★ Billard .... *Hydroïdes.*
     Topsent .... *Spongiaires.*
     Turquet .... *Phanérogames.*
     Cardot .... *Mousses.*
     Hariot .... *Algues.*
     Petit .... *Diatomées.*
     Gourdon .... *Géologie, Minéralogie, Glaciologie.*

TUNICIERS

Par le Dr C.-PH. SLUITER

PROFESSEUR DE ZOOLOGIE A L'UNIVERSITÉ D'AMSTERDAM

La collection des Tuniciers recueillis pendant la belle Expédition antarctique du Dr Charcot par le Dr Turquet est très intéressante sous plusieurs rapports. Elle comprend 260 échantillons environ, qui appartiennent à 22 espèces différentes.

Dans ma note préliminaire, sur les Ascidiens Holosomates (1), j'ai comparé la distribution quantitative de ces animaux dans l'Antarctique à celle des mêmes animaux dans l'archipel des Indes orientales, d'après les résultats de leur examen dans les collections du « Siboga ». Contre une moyenne de 20 échantillons par espèce dans l'Antarctique, il n'y avait qu'une moyenne de 5 échantillons pour chaque espèce dans l'archipel des Indes. Après l'examen des Ascidiens Mérosomates, cette relation doit être un peu modifiée, car les 260 échantillons appartiennent à 22 espèces, ce qui donne une moyenne de $\frac{260}{22} = 12$ à peu près. Quoique ce nombre ne soit pas aussi frappant que celui que j'ai donné d'abord (20), il n'en reste pas moins vrai que la règle bien connue pour l'Arctique : qu'il y a relativement peu de diversité d'espèces, mais qu'en général les espèces sont représentées par un grand nombre d'individus, se vérifie aussi nettement dans l'Antarctique.

Une deuxième remarque se rapporte à la taille des Tuniciers recueillis dans ces régions antarctiques. Plusieurs atteignent une taille extraordinaire. De même que j'ai attiré l'attention déjà dans ma note préliminaire sur la *Corella antarctica*, qui atteint une longueur de 12 centi-

(1) *Bull. du Muséum d'Histoire naturelle de Paris*, 1905, n° 6, p. 470.

mètres, l'*Ascidia Charcoti* de 15 centimètres, la *Molgula maxima* de
18 centimètres et la *Styela flexibilis* de 14 centimètres, je peux ajouter
à présent quelques formes mérosomates. La *Julinia ignota* Quoy et
Gaimard atteint une longueur énorme ; M. le Dʳ Charcot en a mesuré
une de 43 mètres. Le plus grand échantillon de la collection arrive à
1 mètre ; le *Polyclinum adareanum* Herdman atteint une longueur
de 8 à 14 centimètres ; le *Lissamaroucium magnum* n. g., n. sp., de
18 à 12 centimètres. Ce sont des mesures exceptionnelles pour ces
genres-là. J'ai cru pouvoir attribuer cette croissance extraordinaire à
l'abondance de la nourriture que les Ascidies trouvent dans ces eaux
antarctiques, au moins pendant l'été. C'est en effet une chose bien
connue que dans l'été les Diatomées abondent dans les eaux antarctiques et aussi que ces petites algues constituent la nourriture favorite
des Ascidiens. J'ai trouvé que non seulement l'intestin en est presque
toujours rempli, mais aussi que chez les Ascidies Holosomates la
tunique externe est souvent presque couverte de Diatomées, et que chez
les Ascidies Mérosomates la tunique externe commune renferme souvent une foule de squelettes de ces algues. Ceci s'observe non seulement
chez le genre *Psammaplidium*, mais aussi chez plusieurs autres formes.
C'est donc bien à cette circonstance exceptionnellement favorable qu'il
faut attribuer cette croissance extraordinaire.

Quant à la distribution bathymétrique, il est très remarquable que
presque tous les animaux ont été recueillis à une profondeur de 25 à
40 mètres. Quelques localités seulement sont un peu plus profondes,
de 64 mètres jusqu'à 110 mètres. Il n'y a que le *Pharyngodictyon reductum* n. sp., quelques échantillons du *Polyclinum adareanum* Herdman
et du *Psammaplidium radiatum* n. sp., qui aient été recueillis sur la
plage ; ils avaient probablement été jetés sur le rivage pendant une
tempête, après avoir été détachés de leur base. De même les colonies
de la *Julinia ignota* Herdman qui ont été trouvées flottantes ont sans
doute été rompues à la partie basale, car les échantillons qui sont encore
fixés par leur base sur des pierres proviennent tous d'une profondeur de
25 à 40 mètres. Il semble donc que tous ces animaux fixés cherchent une
profondeur d'au moins 25 mètres, ou plutôt que toutes les colonies, qui

commencent peut-être à se développer à une profondeur moindre pendant l'été, meurent pendant l'hiver, de manière que celles seulement qui se trouvent assez loin de la banquise de l'hiver peuvent survivre. Il serait intéressant de savoir si on peut trouver pendant l'été des colonies toutes jeunes dans des régions moins profondes, condamnées à mourir inexorablement l'hiver suivant, ou si les larves ne se fixent qu'à cette profondeur de 25 mètres et plus. Il en est de même pour les Ascidiens que le « Southern Cross » a recueillis; ils proviennent tous de la même profondeur.

Déjà Stuxberg (1) a observé, pendant l'Expédition de la « Vega », qu'il n'y a pas d'animaux vivants dans la région littorale de la mer arctique, au nord de la Sibérie. Mais, dans cette mer arctique, la région littorale ne s'étend que sur 3 brasses en moyenne. Au-dessous de cette région sans vie animale, Stuxberg distingue les régions *sublittorales* et *élitorales*, dont la première va jusqu'à 30 à 40 brasses, mais n'est pas séparée distinctement de la région élitorale. Je ne connais pas les relations et les mesures correspondantes dans les mers antarctiques; mais, d'après les données qui sont actuellement à ma disposition, je crois qu'il est assez probable que, dans l'Antarctique, la région sublittorale ne commence qu'à une profondeur sensiblement plus grande que dans l'Arctique. Parmi les différentes zones (*Formationen*) que Stuxberg distingue, il y en a encore une qu'il appelle la zone des Ascidiens, qui s'étend de 9 à 18 mètres sans descendre plus profondément. De même, dans l'Antarctique, il est peut-être possible de distinguer une zone des Ascidiens, mais alors elle s'étend de 25 à 60 mètres ou un peu plus; par conséquent elle est beaucoup plus profonde que dans l'Arctique. J'ignore quelle est la cause de cette différence entre ces deux mers, mais, pour l'Antarctique, je crois qu'on peut trouver une explication satisfaisante de la prépondérance des Ascidiens, spécialement entre 40 et 60 mètres, dans la distribution des Diatomées. Je n'ai qu'à citer à cet égard le résultat auquel est arrivé Karsten d'après les observations et les collections que Schimper a faites

(1) STUXBERG, Die Evertebratenfauna des Sibirischen Eismeeres, in *Die wissenschaftliche Ergebnisse der « Vega » Expedition*, Bd. I, p. 530.

pendant l'Expédition de la « Valdivia » (1) : « Die obere Schicht von 200 meter enthält fast allein die Hauptmasse der lebenden Pflanzen ; und zwar nimmt bis zu 40 Meter Tiefe die Masse dauernd zu, sie bleibt von 40-80 Meter Tiefe auf der maximalen Höhe stehen und fällt dann rasch ab. » Le maximum du nombre des Diatomées correspond donc à la zone des Ascidiens. Ces animaux trouvent dans l'Antarctique les meilleures conditions de nourriture. Peut-être la distribution des Diatomées dans les mers arctiques est-elle différente et, par suite aussi celle des Ascidiens, mais, autant que je puis le savoir, ces relations ne sont pas encore connues.

Jusqu'à présent très peu de formes d'Ascidiens des régions vraiment antarctiques ont été signalées. Voici la liste des espèces décrites dans ce mémoire, y compris les six espèces de l'Expédition du « Southern Cross », que Herdman a décrites :

A. ASCIDIACEA SOCIALIA.
  Clavelinidæ.
        Nihil.
B. ASCIDIACEA MEROSOMATA.
  a. *Distomidæ.*
        1. Colella pedunculata Quoy et Gaimard, 9 échantillons.
        2. Distoma glareosa n. sp.,   2 échantillons.
        3. Julinia ignota Herdman.
  b. *Polyclinidæ.*
        4. Tylobranchion antarcticum Herdman, 6 échantillons.
        5. Pharyngodictyon reductum n. sp.,   1   —
        6. Polyclinum adareanum Herdman.   1   —
        7. Amaroucium meridianum n. sp.,   1   —
        8.   —   cæruleum n. sp.,   2   —
        9. Lissamaroucium magnum n. g., n. sp., 17   —
       *10. Atopogaster elongata Herdman,   100   —
       *11. Psammaplidium nigrum Herdman.   2   —
       *12.   —   antarcticum Herdman,   3   —
        13.   —   ordinatum n. sp.,   2   —
        14.   —   triplex n. sp.,   2   —
        15.   —   radiatum n. sp.,   26   —
        16.   —   annulatum n. sp.,   1   —
  c. *Didemnidæ.*
       17. Leptoclinum biglans, n. sp.   2   —
  d. *Diplosomidæ.*
        Nihil.

(1) G. KARSTEN, Das Phytoplankton des Antarktischen Meeres (*Wissenschaftliche Ergebnisse der Deutschen Tiefsee Expedition*, 1898-1899, Bd. II, Teil II, 1ᵉ Lf., p. 10).

e. *Cœlocormidæ*.
  Nihil.
C. Ascidiacea holosomata.
  I. **Phlebobranchiata**.
    a. *Corellidæ*.
      18. Corella antarctica Sluiter, 28 échantillons.
    b. *Hypobythidæ*.
      Nihil.
    c. *Ascididæ*.
      19. Ascidia Charcoti Sluiter, 74 échantillons.
    d. *Cionidæ*.
      Nihil.
  II. **Stolidobranchiata**.
    a. *Botryllidæ*.
      Nihil.
    b. *Styelidæ*.
      *20. Styela lactea Herdman, 6 échantillons.
      21. — flexibilis Sluiter, 26 —
      22. — grahami Sluiter. 13 —
    c. *Polyzoidæ*.
      Nihil.
    d. *Halocynthidæ*.
      23. Halocynthia setosa Sluiter, 2 échantillons.
    e. *Boltenidæ*.
      24. Boltenia Turqueti Sluiter, 2 —
      25. Boltenia salebrosa Sluiter, 2 —
    f. *Molgulidæ*.
      26. Molgula maxima Sluiter, 17 —

Les quatres espèces pourvues d'un * ne sont pas représentées dans la collection de l'Expédition du D' Charcot, mais ont été recueillies par le « Southern Cross ». De cette liste il résulte que, jusqu'à présent, les familles des *Clavelinidæ*, *Diplosomidæ*, *Cœlocormidæ*, *Hypobythidæ*, *Cionidæ*, *Botryllidæ* et *Polyzoidæ* manquent dans les mers antarctiques proprement dites. Cependant, quand on prend la mer antarctique dans un sens plus large, comme on le fait ordinairement, de manière que le détroit de Magellan, la Terre de Feu et les îles Falkland y soient compris, on voit alors spécialement que les Polyzoïdes sont amplement représentés, mais que les autres familles manquent toujours; la riche collection de l'Expédition Charcot n'a rien changé à ce fait.

Après ces considérations générales, procédons à la description spéciale des formes recueillies.

ASCIDIACEA MEROSOMATA.

a. DISTOMIDÆ.

Colella pedunculata (Quoy et Gaimard).
(Pl. IV, fig. 46.)

Quoy et Gaymard, *Voyage de l'Astrolabe*, t. III, p. 626.
Herdman, « *Challenger* » *Report on the Tunicata*, Part. II, p. 74.
Sluiter, *Tunicaten aus dem Stillen Ocean* (*Zool. Jahrb.*, XIII Abth. f. Syst., p. 5).

Habitat. — Port Charcot; 40 mètres; 9 colonies.

La description très détaillée que Herdman a donnée de cette espèce nous permettra d'identifier avec certitude les formes recueillies à la Terre de Graham avec celles du « Challenger », provenant de la mer comprise entre la Terre de Feu et les îles Falkland, de l'île Kerguelen et, un peu plus au sud, de l'île Heard.

On ne saurait beaucoup ajouter à cette description. La plus grande de nos deux colonies a un pédicule de 80 millimètres de longueur, tandis que la tête, ou l'*Ascidiarium*, est longue de 10 millimètres. L'arrangement des ascidiozoïdes en doubles lignes droites est très distinct chez nos échantillons; cette disposition est rendue plus frappante par les taches blanches, assez grandes, qui couvrent le ganglion neural, la glande neurale et l'entonnoir vibratile. La longueur des ascidiozoïdes va jusqu'à 5 millimètres, dont 3 millimètres pour le thorax et 2 seulement pour l'abdomen. La structure de tous les autres organes correspond exactement à la description qu'en donne Herdman.

Parmi les échantillons recueillis pendant le mois d'avril, il y en a quelques-uns qui commencent à se préparer pour l'hibernation. Les ascidiozoïdes sont les uns en voie de résorption, les autres déjà tout à fait disparus. On ne trouve donc dans la colonie que des globules, consistant en un amas de cellules, dont probablement l'année suivante se développeront de nouveaux bourgeons.

Distoma glareosa n. sp.
(Pl. I, fig. 1-4.)

Habitat. — Chenal de Schollaert; 30 mètres; 2 colonies.

Caractères extérieurs. — La colonie a une forme plus ou moins globuleuse avec un diamètre de 18 millimètres. Elle est percée par un canal cylindrique, dans lequel s'est trouvé probablement une branche de quelque Anthozoaire ou un autre objet, autour duquel la colonie s'était développée. La surface est glabre ; les orifices branchiaux et cloacaux sont tous deux pourvus de six lobes distincts, mais l'orifice branchial est plus distinct et plus grand que l'orifice cloacal. Les ascidiozoïdes se présentent comme de petites taches jaune pâle, entre lesquelles on voit sous la loupe de nombreux petits astérisques blancs de grandeur bien différente, qui consistent en longs grains de sable siliceux. La couleur est gris pâle.

Les *ascidiozoïdes* sont petits, ne mesurant que 2 millimètres de longueur. Ils sont divisés en thorax et abdomen, qui sont à peu près de la même longueur, chacun 1 millimètre. Les deux siphons sont courts ; les deux orifices ont distinctement six lobes ; tous deux débouchent à la surface.

La *tunique externe* est gélatineuse, mais assez résistante. Quant à la structure histologique, elle consiste principalement en grandes cellules vésiculaires, serrées les unes contre les autres, parmi lesquelles on trouve assez dispersées les petites cellules en astérisques. Dans cette masse cellulaire, on trouve de nombreux corpuscules siliceux, qui sont pour la plus grande partie en forme de petites barres arrangées de manière qu'ils forment des astérisques. Ces astérisques sont beaucoup plus irréguliers que les corpuscules calcaires, qu'on trouve chez les *Leptoclinum*, etc.

La *tunique interne* est pourvue d'une musculature assez puissante, qui s'est fortement contractée dans notre exemplaire conservé dans l'alcool.

Le *sac branchial* possède quatre rangées de stigmates allongés.

L'endostyle est large et, par la contraction du sac branchial, il prend une forme sinueuse à flexuosités assez serrées.

L'*entonnoir vibratile* est petit et rond.

Le *raphé dorsal* est formé de quatre languettes longues et pointues.

Le *tube digestif* est court, mais large. L'œsophage est très court, et derrière l'estomac l'intestin se courbe immédiatement en avant et s'abouche dans l'anus, vers la moitié du thorax. La paroi de l'estomac est lisse.

Les *tentacules* sont au nombre de douze, tous courts et peu pointus, mais pas tout à fait égaux.

Les *gonades* sont à côté de l'intestin.

Il est bien certain que cette colonie est un Distomide, et je crois aussi qu'elle se range sans difficulté dans le genre *Distoma*; seulement la structure de la tunique externe avec les grandes cellules vésiculaires et les corpuscules siliceux est différente de ce qu'on trouve ordinairement chez *Distoma*. La structure rappelle un peu celle des *Cystodytes*, sauf les disques calcaires qu'on trouve dans la tunique de ce genre. Quoiqu'il n'y ait pas de doute que ces corpuscules siliceux sont des corps étrangers, dont la tunique s'est emparée, il est pourtant curieux de voir comment ces petites barres sont arrangées pour former des astérisques. On ne saurait dire à présent si cela s'effectue au moment même où la tunique s'empare de ces corps étrangers, ou bien par un agencement ultérieur.

Ces corpuscules ne se dissolvent pas dans l'acide sulfurique et, par conséquent, ne peuvent pas être calcaires; ce ne sont pas non plus des spicules siliceux comparables à ceux des éponges; mais il me semble plus probable que ce sont des cristaux siliceux, des grains de sable allongés, qui doivent se trouver là sur le fond de la mer.

Julinia ignota Herdman.
(Pl. I, fig. 5-7 ; Pl. V, fig. 55.)

... (?) *ignotus* Herdman, « *Challenger* » *Report*, Part. II, p. 251.
Julinia australis Calman *Quart. Journ. Micr. Sc.*, vol. XXXVII, 1894, p. 1.
Distaplia ignota Herdman, *Report on the Collections of Natural History, made during the Voyage of the « Southern Cross »*, 1902, VI. Tunicata, p. 197.

Plusieurs échantillons de cette curieuse espèce ont été obtenus par l'Expédition antarctique française entre 64° et 66° de latitude méridionale, en partie, flottant à la surface de la mer, près les îles Booth Wandel et Hoogaard et dans la baie des Flandres, en partie dragués par une profondeur de 25 à 40 mètres dans le Port Charcot. Ces derniers sont attachés sur des pierres et proviennent donc évidemment du fond de la mer. Jusqu'à présent, on ne connaissait que des échantillons flottant à la surface, quoique Herdman et Calman soupçonnaient déjà qu'ils fussent détachés de leur base. Quant à l'aspect extérieur de la colonie, les animaux de la côte de la Terre de Graham ressemblent tout à fait à ceux qui sont décrits par Herdman et Calman. La plus grande colonie que j'ai observée atteint une longueur de 1 mètre à peu près et un diamètre de 2 centimètres ; mais des échantillons beaucoup plus grands ont été rencontrés fréquemment, et, comme je l'ai dit plus haut, l'un d'eux mesurait 43 mètres ; il était cependant incomplet. Les échantillons intacts ont une forme cylindrique assez régulière. Les systèmes ne sont pas toujours très distincts, spécialement chez les grandes colonies. Chez les plus petites, ils sont distincts, et on trouve de six à dix ascidiozoïdes autour des orifices cloacaux communs. La structure de la tunique externe correspond avec la description donnée par Calman. De même l'anatomie des ascidiozoïdes, décrite par cet auteur, semble correspondre généralement très bien avec ce que j'ai trouvé chez mes échantillons ; il n'y a que des différences secondaires. La longueur des ascidiozooïdes n'est pas mentionnée par Calman ; les miens sont longs de 3 millimètres, dont la moitié pour le thorax, la moitié pour l'abdomen. Le sac branchial ne diffère pas de la description qu'en donne Calman ; je trouve cependant seize tentacules, tandis que Calman n'en a trouvé que douze. La paroi de l'estomac est bien lisse à l'extérieur, mais les plis de l'épithélium de l'intérieur sont visibles distinctement de l'extérieur. La poche incubatrice, qui est mentionnée aussi par Calman, est attachée par un long col étroit à la face dorsale de la cavité cloacale, non loin de l'orifice cloacal. Tandis que Calman n'y a jamais trouvé d'embryon ou d'œufs, j'ai rencontré très souvent un seul grand embryon dans la poche, mais jamais plus d'un seul. Les gonades étaient donc beaucoup mieux développés que chez les échantillons de Calman.

Quant à la position systématique de cette curieuse forme, il est bien évident qu'elle est apparentée de près à *Distaplia*, et Herdman est même d'avis qu'on peut très bien la ranger dans ce genre. Pourtant je crois qu'il vaut mieux suivre Calman et créer un nouveau genre pour cette intéressante Ascidie. Il est vrai que l'anatomie des ascidiozoïdes ne diffère guère autrement que par les plis de l'épithélium de l'estomac ; mais tout l'habitus de la colonie est si différent des formes qu'on trouve ordinairement chez *Distaplia* que je crois qu'il est bien justifié d'établir un nouveau genre pour elle. D'un autre côté, on ne peut pas douter que les animaux de Herdman et de Calman ne soient de la même espèce, et par suite ils doivent porter le nom de *Julinia ignota* Herdman.

b. POLYCLINIDÆ.

Tylobranchion antarcticum Herdman.
(Pl. I, fig. 8; Pl. IV, fig. 47.)

Herdman, *Report on the Collections of natural History, made during the Voyage of the « Southern Cross »*, 1902, VI, Tunicata, p. 193.

HABITAT. — Ile Wincke, 25 mètres, 1 colonie. — Port Charcot, 40 mètres, 5 colonies.

Les six colonies n'ont pas tout à fait la même taille et diffèrent aussi plus ou moins de celles que Herdman a décrites. La plus grande forme un disque à peine pédiculé avec un diamètre de 22 millimètres et une hauteur de 10 millimètres, dans laquelle on trouve dix-huit ascidiozoïdes. Les autres échantillons ressemblent plus à ceux que Herdman a décrits, mais la plupart contiennent pourtant plus d'ascidiozoïdes que cet auteur n'en a mentionné; la couleur de la grande colonie est aussi un peu brunâtre et plus foncée que chez les autres. Mais l'anatomie de tous les échantillons correspond très bien à la description qu'en a donné Herdman. Le point le plus intéressant est certainement la structure du sac branchial, avec ses papilles bifurquées. Celles-ci sont plus grandes que chez le *Tylobranchion speciosum* de Kerguelen, que Herdman a décrit dans le « *Challenger Report* » et aussi régulièrement bifurquées, ce qui n'est pas toujours le cas chez cette espèce. Dans la figure que Herdman donne d'une partie du sac branchial du *T. antarcticum*, ce trait caractéristique est bien démontré; mais Herdman dessine deux stigmates entre deux papilles, tandis que chez nos échantillons j'en trouve presque toujours quatre. Chez les jeunes individus, il n'y a que deux stigmates, comme dans les échantillons de Herdman. Je n'ai jamais rencontré une union de ces longues cornes des papilles bifurquées, et je ne suis nullement sûr qu'elles soient des côtes longitudinales rudimentaires ou en voie de développement. Peut-être ce ne sont que des excroissances *sui generis* des côtes transversales, tout à fait indépendantes des côtes longitudinales des autres Ascidiens, quoiqu'il faille reconnaître que l'autre interprétation n'est pas dénuée de fondement.

Pharyngodictyon reductum nov. sp.
(Pl. I, fig. 9-10 ; Pl. IV, fig. 48.)

HABITAT. — Île Booth Wandel, plage (?), 1 colonie.

Caractères extérieurs. — La seule colonie de cette espèce que j'ai pu examiner est longue de 40 millimètres, attachée par une large base avec des prolongements en forme de racines sur son support. Quoique la base soit un peu plus étroite, on ne saurait l'appeler pédicule. La forme de la colonie est à peu près cylindrique avec la tête arrondie et un diamètre de 25 millimètres. Tous les animaux dans la colonie forment un seul système, c'est-à-dire qu'il n'y a qu'un seul orifice cloacal au milieu de la tête arrondie, autour duquel sont arrangés les orifices branchiaux à six lobes en quelques cercles irréguliers. La couleur est blanchâtre et transparente, de sorte qu'on peut discerner nettement à travers la tunique externe les grands ascidiozoïdes.

La *tunique externe* est gélatineuse, mais assez résistante. Dans la matrice, on ne trouve que de petites cellules ovoïdes, rarement en forme d'astérisque, tandis que les cellules vésiculaires font totalement défaut.

Les *ascidiozoïdes* sont très grands et divisés en trois parties. Le thorax a 3 millimètres de longueur et 3 millimètres de largeur ; l'abdomen est un peu plus court, 4 millimètres, et aussi un peu plus étroit, tandis que le post-abdomen atteint une longueur de 25 millimètres et est large de 1 à 2 millimètres.

La *tunique interne* est assez musculeuse, mais les faisceaux musculaires sont arrangés obliquement, de manière que deux systèmes se croisent rectangulairement. De plus on trouve encore des faisceaux beaucoup plus faibles qui courent longitudinalement et transversalement. Le siphon branchial est court et terminé en six lobes ; le siphon cloacal est un peu plus long, dirigé en avant et à peu de distance du siphon branchial. Ce siphon cloacal se termine également en six lobes.

Le *sac branchial* est très réduit et n'est formé que de six ou sept côtes transversales et de rudiments de côtes longitudinales. Ces dernières forment seulement des appendices bifurqués sur les côtes transversales, et je n'en trouve que deux sur chaque côte transversale de chaque côté, de manière que ce ne sont que des rudiments de deux côtes longitudinales. Il n'y a donc naturellement pas de stigmates. L'endostyle est bien développé, quoique assez étroit.

L'*entonnoir vibratile* est grand et circulaire, un peu allongé transversalement.

Le *raphé dorsal* consiste en sept languettes étroites et courtes.

Le *tube digestif* commence par un œsophage, dirigé en arrière, débouchant dans le petit estomac, qui a quatre plis assez prononcés.

L'intestin proprement dit se prolonge d'abord en arrière sur une longueur égale à celle de l'œsophage, puis se recourbe en avant et court le long de l'estomac, sans croiser l'œsophage, pour se terminer tout en avant du thorax, près du siphon cloacal, par un anus à bord lisse.

Les *tentacules* sont au nombre de quinze. Ils sont de différentes longueurs, mais toujours relativement courts, au moins à l'état contracté, comme c'est le cas dans notre colonie conservée dans l'alcool.

Les *gonades* se trouvent, comme d'ordinaire, dans le post-abdomen ; l'ovaire est plus en avant, immédiatement derrière l'anse de l'intestin, à la face dorsale de l'abdomen et avec la même longueur.

Les testicules sont en forme de petites vésicules, serrés les uns contre les autres et disposés en deux rangées, comme on les trouve ordinairement chez *Amaroucium*. L'oviducte est très large, placé à côté du rectum, et débouche un peu derrière l'anus. Le canal déférent est étroit, blanc et court le long de l'oviducte.

Ce n'est qu'avec un certain doute que je range cette forme dans le genre *Pharyngodictyon* de Herdman. Il est bien connu que Herdman a fondé ce genre sur un seul échantillon d'une Ascidie Mérosomate, recueilli entre le cap de Bonne-Espérance et l'île Kerguelen par une profondeur de 1 600 brasses.

La particularité la plus frappante de ce genre est la disposition du sac

branchial, qui est formé seulement de côtes longitudinales et transversales sans former de vrais stigmates, tandis que pour le reste c'est un
véritable Polyclinide. La forme dont il est question à présent a le
sac branchial encore plus réduit, parce qu'il ne reste des côtes longitudinales que des rudiments, seulement en forme de supports, qui portent
deux minces cornes, les derniers restes des côtes longitudinales. — Sous
les autres rapports, notre espèce se rapproche le plus d'*Amaroucium*,
comme c'est aussi le cas pour le *Pharyngodictyon mirabile* de Herdman ;
si ce n'était la curieuse structure du sac branchial, on pourrait très
bien ranger ces deux espèces dans le genre *Amaroucium*.

Enfin se pose la question de savoir s'il est bien justifié de ranger la
forme bathymétrique de l'Expédition du «Challenger», trouvée par 46° 16′
de latitude sud et 48° 27′ de longitude est, et celle de l'Expédition Charcot,
trouvée sur la plage de l'île Booth Wandel, dans le même genre. On
pourrait bien se figurer que la réduction du sac branchial ait eu lieu
deux fois et que les deux formes soient dérivées de deux espèces différentes d'*Amaroucium*. Dans ce cas-là, il faudra établir un nouveau genre
pour notre forme de l'île Booth Wandel; mais, pour le moment, je crois
plus justifié de ranger les deux formes dans un seul genre, parce que, sous
les autres rapports, elles sont aussi assez semblables, et parce que nous
ne connaissons pas encore de formes transitoires. La difficulté résultant de
ce que le *Ph. mirabile* se trouve dans de grandes profondeurs, tandis que
le *Ph. reductum* fut trouvé sur la plage perd beaucoup de sa valeur, quand
on considère que probablement notre *Ph. reductum* fut jeté sur la plage
pendant une tempête et que son habitat réel était beaucoup plus profond,
peut-être 40 mètres. On sait qu'il résulte des Expéditions du « Siboga » et
du « Valdivia » que les formes abyssales ne sont pas si exclusivement
limitées aux grandes profondeurs qu'on l'avait cru jusqu'à présent.

Polyclinum adareanum Herdman.
(Pl. I, fig. 11.)

Herdman, *Report on the Collections of natural History, made in the Antarctic
Regions, during the voyage of the « Southern Cross »*, VI, Tunicata, p. 195.

Plusieurs échantillons de tailles très différentes ont été recueillis dans le chenal de Schollaert ; je crois devoir les identifier avec le *Polyclinum adareanum* que l'Expédition du « Southern Cross » a recueilli au cap Adare. Malheureusement la description que Herdman a donnée est très courte, de manière que je ne suis pas absolument sûr de leur identité. Quant à la forme extérieure, les échantillons du chenal de Schollaert correspondent avec la description et les figures que donne Herdman. La plupart ont la base plissée et encroûtée de grains de sable ; le plus souvent les systèmes sont composés de six ou sept animaux, mais on en trouve aussi plusieurs avec huit à dix animaux. Le plus grand échantillon est long de 8 centimètres et large de 4 centimètres. La partie inférieure, de 4 centimètres et demi, est plissée, couverte de sable et sans systèmes d'animaux ; la partie supérieure, de 3 centimètres et demi de long, porte seule les systèmes.

Les autres échantillons sont de tailles très différentes, et il y en a dont presque toute la colonie est représentée par la partie plissée et couverte de sable. Dans ces cas-là, on ne trouve que quelques rares animaux ; tandis qu'il y a dans le tissu de la tunique commune de nombreux bourgeons destinés à produire de nouveaux animaux l'année suivante. Il est bien clair que ces colonies sont dans l'état d'hibernation.

Quant à l'anatomie interne, Herdman n'en dit à peu près rien ; il mentionne seulement pour le sac branchial vingt rangées de petits stigmates et dit que le raphé dorsal consiste en languettes en forme de tentacules.

La plupart des animaux que j'ai examinés n'ont que douze à quinze rangées de stigmates, mais il y en a avec dix-huit. Le thorax est long de 3 millimètres, de même que l'abdomen. Le post-abdomen est de 7 à 9 millimètres. Les ascidiozoïdes sont donc un peu plus grands que le dit Herdman pour ses échantillons. Le post-abdomen est souvent courbé en serpentant. L'orifice buccal est situé sur un court siphon et garni de six lobes. L'orifice cloacal est pourvu d'une languette assez longue. L'estomac est ovoïde, avec la surface entièrement lisse. L'anus est situé bien en avant, immédiatement derrière l'orifice cloacal. L'intestin proprement dit ne croise pas l'œsophage. La disposition du post-abdomen avec les gonades ressemble plus à celle qu'on trouve chez *Amaroucium* et *Aplidium* qu'à celle qu'on trouve ordinairement chez *Polyclinum*. Le cercle coronal porte douze tentacules, dont six sont plus grands que les autres, mais sont eux-mêmes aussi plus ou moins inégaux.

Amaroucium meridianum n. sp.
(Pl. I, fig. 12.)

HABITAT. — Chenal de Schollaert, île Anvers, 1 colonie.

Caractères extérieurs. — La seule colonie observée forme une masse irrégulière, lobulée, avec des diamètres de 5 centimètres et de 4 centimètres. La masse est assez molle, mais pourtant bien tenace, et ne se déchire pas facilement. Elle est attachée par une large base sur des débris de petites pierres et de sable. Il n'y a pas d'orifices cloacaux communs. Les ascidiozoïdes sont distribués très irrégulièrement sans former de systèmes. La couleur est d'un gris clair, tandis que les ascidiozoïdes apparaissent comme de petites taches blanches. Les orifices branchiaux ont six lobes, mais ils sont pour la plupart très indistincts.

Les *ascidiozoïdes* sont longs de 8 millimètres, dont 2 millimètres pour le thorax, 2 pour l'abdomen et 4 pour le post-abdomen. Après le post-abdomen, l'animal se prolonge encore en un appendice fasciculaire assez long. L'orifice branchial est entouré de six lobes; l'orifice cloacal est un peu plus en arrière, pourvu d'une languette longue et pointue. Dans la cavité cloacale se trouvent très souvent des larves appendiculaires.

La *tunique externe* est assez tenace, quoique molle, et montre une structure un peu fibreuse. Dans la masse gélatineuse, on ne trouve que des cellules en astérisque, mais point de cellules vésiculaires. Il n'y a pas de grains de sable dans la tunique externe.

La *tunique interne* est pourvue d'une musculature assez forte, qui est divisée distinctement en faisceaux transversaux et longitudinaux.

Le *sac branchial* est bien développé et possède douze rangées de stigmates. Dans chaque rangée, se trouvent dix à douze stigmates peu allongés. L'endostyle est large et fortement tortueux, probablement par la contraction des animaux.

Le *raphé dorsal* est formé de douze languettes triangulaires.

L'*intestin* commence par un œsophage long, dirigé en arrière. Celui-ci débouche dans l'estomac, situé aussi dans l'axe longitudinal de l'animal et pourvu de six plis bien prononcés; l'intestin proprement dit se prolonge d'abord encore en arrière, se courbe ensuite et se continue en avant sans croiser l'œsophage. L'anus se trouve un peu en arrière de l'orifice cloacal.

Le *cercle coronal* porte douze tentacules de grandeurs alternantes.

Les *gonades* forment comme d'ordinaire le post-abdomen. L'ovaire, plus en avant, occupe au plus le tiers antérieur du post-abdomen; les deux autres tiers sont remplis par les testicules; le canal déférent et l'oviducte ne courent pas le long du rectum, mais font une courbure sur la face ventrale de l'estomac, croisent l'œsophage et débouchent enfin à côté de l'anus.

Quoique Herdman ait décrit déjà quelques espèces d'*Amaroucium* de l'Antarctique, on ne saurait confondre notre espèce avec celles-là. D'ailleurs toutes ces espèces du « Challenger » (*A. nigrum, A. variabile, complanatum* et *globosum*) proviennent de l'île Kerguelen, et, quoiqu'on puisse compter cette région comme faisant partie de l'Antarctique par rapport à la faune pélagique, cependant les conditions d'existence des animaux fixés sont assez différentes pour ne pas placer Kerguelen et la Terre de Graham dans la même région faunistique.

Amaroucium cæruleum n. sp.
(Pl. I, fig. 13 à 16; Pl. IV, fig. 49.)

HABITAT. — Chenal de Schollaert, 2 échantillons.

Caractères extérieurs. — Les deux échantillons sont à peu près de la même taille, longs de 3 centimètres et larges de 1 centimètre. La colonie est cylindrique, un peu rétrécie à la partie inférieure; la base par laquelle elle est attachée au sable et à de petites pierres est la partie la plus étroite; la partie supérieure est tronquée brusquement et contient au centre l'orifice cloacal commun du seul système d'animaux constituant la colonie. Autour de l'orifice cloacal commun se trouvent les orifices branchiaux peu nombreux; chez les deux échantillons, je n'en compte que six. Ce système est entouré par un bord entaillé, peu proéminent. La surface est tout à fait couverte de grains de sable. La partie inférieure montre des sillons transversaux peu profonds. La couleur est grisâtre et même noirâtre, causée par les grains de sable.

Les *ascidiozoïdes* sont peu nombreux, car je n'ai trouvé que trois ou quatre animaux dans chaque colonie, bien qu'il y eût six orifices branchiaux ; du reste, ils se sont tellement rétractés qu'ils sont totalement détachés de la face libre supérieure de la colonie et se trouvent dans son centre plus ou moins recourbés. Les ascidiozoïdes dans cet état sont encore long de 18 millimètres, dont la plus grande partie, 10 millimètres, forme le post-abdomen, tandis que 4 millimètres sont pour le thorax et 4 pour l'abdomen. L'orifice branchial est situé sur un siphon assez court et entouré de six lobes. L'orifice cloacal est pourvu d'une languette longue et dentelée à l'extrémité libre. A l'extrémité postérieure et dorsale du thorax se développe une petite poche incubatrice, distinctement séparée du thorax, et dans laquelle se trouvent quatre ou cinq larves.

La *tunique externe* est constituée par deux couches bien différentes. La couche externe est mince, mais beaucoup plus résistante et entremêlée de petits grains de sable. Quant à la structure histologique de cette partie, on n'y trouve que les petites cellules en forme d'astérisque (*Testazellen*). Tout l'intérieur de la colonie est occupé par un tissu gélatineux et plus au moins fibreux d'une couleur bleue assez foncée. Cette couleur bleue est due à de petites gouttelettes bleues qui se trouvent en grande quantité dans des cellules rondes de $0^{mm},023$ en diamètre, qui semblent représenter les cellules vésiculaires (*Blasenzellen*). Ce n'est donc pas un pigment bleu ordinaire, mais ce sont réellement des gouttelettes liquides et bleues qui causent cette couleur bleu vif. Du reste, il est curieux que cette couleur ne se soit pas dissoute dans l'alcool, dans lequel les animaux sont conservés.

La *tunique interne* est abondamment pourvue de faisceaux musculaires, qui se croisent dans toutes les directions. Dans l'état contracté où ces faisceaux musculaires se trouvent actuellement, la tunique interne est totalement opaque.

Le *sac branchial* a, de chaque côté, dix rangées de stigmates. Dans chaque rangée, il y a vingt stigmates environ, qui pourtant ne sont pas de

la même grandeur pour les différentes rangées. Tantôt ils ont la forme d'une fente étroite et longue, tantôt, beaucoup plus petits, ils ont à peu près la forme d'un petit cercle. Les côtes transversales ne sont pas non plus toutes égales, elles sont tantôt un peu plus larges, tantôt un peu plus étroites. Ces côtes montrent de plus une structure curieuse : elles sont pourvues de courts faisceaux de fibres musculaires longitudinales, rectangulaires sur la côte même.

L'*endostyle* est large et bien développé.

L'*entonnoir vibratile* est petit et en forme d'orifice à peu près circulaire.

Le *raphé dorsal* consiste en dix-huit languettes assez longues.

Le *tube digestif* commence par un œsophage court et très étroit, qui débouche dans l'estomac, grand et sphérique. L'estomac a huit plis, qui s'étendent sur toute la longueur, mais de plus il y en a encore quelques-uns qui se trouvent seulement sur la moitié pylorique et dépassent à peine l'équateur de l'estomac. L'intestin proprement dit est large et se courbe derrière l'estomac en avant et bien dorsalement pour déboucher dans l'anus, qui est situé sur le milieu du thorax.

Le *cercle coronal* porte vingt tentacules, qui sont alternativement plus grands et plus petits.

Les *gonades* forment comme d'ordinaire la plus grande partie du post-abdomen. L'ovaire est situé plus en avant, dans la partie antérieure, beaucoup plus large que la partie postérieure; celle-ci renferme les vésicules testiculaires et est beaucoup plus longue. Les larves dans la poche incubatrice sont longues de $1^{mm},2$ et larges de $0^{mm},5$.

C'est une espèce assez curieuse, qui se distingue sous plusieurs rapports des autres espèces d'*Amaroucium*. La colonie ne forme qu'un seul système simple, tandis qu'ordinairement les systèmes sont composés et irréguliers. Dans la tunique externe, on rencontre de nombreuses cellules vésiculaires avec les petites gouttelettes bleues.

Parmi tous les *Amaroucium*, je ne connais que le *A. albidum* Herdman, qui possède quelques cellules vésiculaires peu nombreuses. La poche incubatrice est singulière pour un *Amaroucium*. D'autre part, je ne crois pas que ces particularités soient assez importantes pour ne pas compter cette forme comme un *Amaroucium*.

Le grand post-abdomen, la longue languette cloacale, le sac branchial et l'estomac plissé rappellent tous tellement les conditions typiques qu'on trouve chez ce genre, que je crois bien justifié d'y placer aussi notre forme, quoiqu'elle soit plus ou moins aberrante.

Lissamaroucium n. g.

Colonie massive, systèmes simples (toujours?). Ascidiozoïdes avec un post-abdomen très long; orifice branchial avec six lobes; orifice cloacal avec une languette; sac branchial bien développé; estomac à paroi lisse; gonades dans le post-abdomen.

Lissamaroucium magnum n. sp.
(Pl. I, fig. 17-18; Pl. IV, fig. 53.)

HABITAT. — Baie des Flandres, 20 mètres, 1 ex. — Ile Booth Wandel, 30 mètres, 6 ex. — Port Charcot, 30-40 mètres, 5 ex. — Ile Wincke, 25 mètres. 2 ex. — Ile Anvers, 30 mètres, 2 ex. — Baie Biscoë, 110 mètres, 1 ex.

Caractères extérieurs. — Les colonies varient beaucoup en grandeur et un peu aussi de forme. La plus petite est longue de 28 millimètres, et le diamètre de l'ascidiarium est 17 millimètres; la plus grande est longue de 180 millimètres avec un diamètre de 120 millimètres. La forme est souvent pyriforme avec la tête plus ou moins pointue et la base s'amincissant peu à peu, formant une espèce de pédicule assez court.

Cette partie inférieure est toujours striée transversalement et ne contient que les longs post-abdomens des ascidiozoïdes, mais ne montre plus les systèmes avec les orifices branchiaux et cloacaux. Les ascidiozoïdes sont arrangés dans l'ascidiarium en systèmes simples très distincts. On trouve de quatre à quinze individus autour de chaque orifice cloacal commun, qui est presque toujours allongé, souvent même en forme de fente. Les orifices branchiaux sont distinctement à six lobes. On voit la languette cloacale s'étendre jusqu'à l'orifice cloacal commun dans la tunique externe transparente. Les systèmes atteignent un diamètre de 12 millimètres, mais sont toujours allongés.

La couleur est grise, transparente à la partie supérieure, un peu gris jaunâtre et opaque à la partie inférieure striée.

Les *ascidiozoïdes* sont très longs et divisés en trois parties. Le thorax chez les individus les plus grands a 4 millimètres de longueur; mais, même chez les exemplaires dans le formol, il est plus ou moins contracté; l'abdomen atteint 5 millimètres au plus, tandis que le post-abdomen devient très long et mince chez les individus adultes, jusqu'à 350 millimètres. L'orifice branchial est distinctement pourvu de six lobes; l'orifice cloacal, un peu plus en arrière, est pourvu d'une grande languette, qui est découpée en trois lobes assez longs.

La *tunique externe* est résistante, chez les grands exemplaires même un peu cartilagineux. La couche superficielle est plus résistante que la partie intérieure. La structure histologique montre seulement les cellules en astérisque, mais celles-ci sont plus grandes et aussi plus arrondies que d'ordinaire. Il n'y a pas de cellules vésiculaires.

La *tunique interne* possède dans le thorax une musculature assez forte, au moyen de laquelle celui-ci est fortement contracté chez les colonies conservées dans l'alcool.

Le *sac branchial* est bien développé et possède dix à douze rangées de stigmates, qui sont en forme de longues fentes; mais, chez les exemplaires en alcool, il est souvent très contracté et difficile à déployer. Dans les côtes transversales se trouvent des fibres musculaires assez nombreuses et fortes. L'endostyle est normal.

L'*entonnoir vibratile* est circulaire et assez grand.

Le *raphé dorsal* est formé de dix à douze languettes grêles et médiocrement longues.

L'*intestin* varie un peu en longueur, de manière que l'abdomen peut avoir la même longueur que le thorax, ou bien peut le surpasser un peu. L'œsophage est étendu directement en arrière et varie assez considérablement en longueur; l'estomac est ovoïde, mais aussi un peu variable de forme, plus ou moins long, mais toujours dans l'axe longitudinal des animaux; l'intestin proprement dit se prolonge encore en arrière sur une courte distance, puis se recourbe en anse et se dirige en avant sans croiser l'œsophage, faisant seulement une faible courbure et se terminant vers la moitié du thorax dans l'anus. La paroi de l'estomac est lisse, sans aucune trace de pli.

Les *tentacules* sont au nombre de huit, dont quatre sont plus longs et quatre plus petits.

Les *gonades* forment le post-abdomen, très long chez les individus adultes et en maturité ; mais on trouve souvent dans la même colonie des individus avec le post-abdomen beaucoup plus court, quand les gonades ne sont pas encore tout à fait développés. Dans la partie antérieure se trouve l'ovaire, et, par conséquent, cette partie est plus épaisse que la partie postérieure, beaucoup plus longue, dans laquelle ne sont développés que les testicules.

Il devient de plus en plus difficile de ranger toutes les espèces des Ascidies Mérosomates dans les genres établis jusqu'ici, parce qu'on trouve chaque fois des espèces qui combinent les traits caractéristiques des différents genres. C'est encore le cas avec l'espèce dont il est question actuellement. L'estomac à paroi lisse empêche de la placer dans le genre *Amaroucium*, avec lequel elle s'accorde le mieux sous tous les autres aspects, c'est-à-dire le post-abdomen très long, l'intestin simple non croisant, l'œsophage et la longue languette cloacale. Des systèmes simples et réguliers se trouvent aussi chez l'*Amaroucium Nordmanni* M.-Edw. et notre *Amaroucium cæruleum*, mais plus généralement chez *Polyclinum*, genre avec lequel notre espèce montre sans doute une parenté. On connaît cependant deux espèces d'Ascidies Mérosomates, qui montrent les mêmes particularités que notre *Lissamaroucium*. Ce sont les deux espèces décrites par Huitfeldt-Kaas (1) sous les noms de *Aplidiopsis pomum* Sars et *Aplidiopsis Sarsii* H. Kaas. Cet auteur norwégien n'a mis, lui aussi, ces deux formes que provisoirement dans le genre *Aplidiopsis* de Lahille. Je crois pourtant qu'il vaut beaucoup mieux réunir ces deux espèces des mers du Nord avec cette espèce de l'Antarctique dans un nouveau genre, *Lissamaroucium*, dont le nom indique qu'ils s'approchent du genre *Amaroucium*, mais que l'estomac a la paroi lisse. Il est vrai que les deux localités sont aussi éloignées que possible l'une de l'autre, mais les deux formes du Nord sont tellement analogues à celle du Sud qu'on ne saurait échapper à cette alternative, ou réunir les trois espèces dans

(1) Huitfeldt-Kaas, *Synascidiæ*, in *The Norwegian North-Atlantic Expedition*, 1876-1878, Christiania, 1896, p. 13 et 14.

un genre, ou admettre qu'*Amaroucium* a perdu deux fois le trait caractéristique des plis de l'estomac, et réunir toutes les trois dans le genre
Amaroucium. Je crois pourtant que, pour le moment, il est plus sûr de
suivre le premier chemin.

Psammaplidium ordinatum n. sp.
(Pl. II, fig. 19-20.)

HABITAT. — Chenal de Schollaert, 2 colonies.

Caractères extérieurs. — Le plus grand des deux échantillons forme
une masse arrondie irrégulière, dont la base est cylindrique avec la surface
finement pliée et sans animaux. Sur cette base cylindrique, s'élèvent
deux protubérances en forme de dôme, dans lesquelles se trouvent les
ascidiozoïdes, arrangés assez régulièrement en lignes; on ne peut pas
découvrir d'orifices cloacaux communs. Les orifices branchiaux sont
petits et entourés de six lobes. La couleur est grisâtre, la surface couverte de sable gris et noir.

Les *ascidiozoïdes* atteignent 10 millimètres, dont 2 millimètres et demi
pour le thorax, 1 millimètre et demi pour l'abdomen et 6 millimètres
pour le post-abdomen. Le siphon branchial est court et pourvu de
six lobes; le siphon cloacal est également court et, sur la face dorsale du
corps, occupe une place située à un quart de la longueur du thorax, plus
en arrière. Les trois parties du corps sont distinctement séparées l'une de
l'autre. Les animaux sont situés obliquement sur la surface de la colonie.

La *tunique externe* est très tenace et résistante par suite de la présence
de nombreux grains de sable enfermés dans le tissu de la tunique. Il n'y
a pas de cellules vésiculaires (*Blasenzellen*).

La *tunique interne* est mince avec une musculature assez faible.

Le *sac branchial* est bien développé et pourvu de quinze rangées de
stigmates. Ceux-ci sont petits et arrondis. On en compte de sept à neuf
dans chaque rangée. L'endostyle est distinct, mais pas très large.

L'*entonnoir vibratile* est petit et en forme de cercle.

Le *raphé dorsal* est formé de quinze languettes triangulaires.

Le *tube digestif* est assez court et commence par un œsophage droit
et court, qui débouche dans un estomac relativement volumineux,

possédant quatre plis larges, mais peu proéminents. Derrière l'estomac, l'intestin proprement dit se courbe bientôt en avant, s'élargit encore une fois, de façon à former un gonflement ovoïde, se prolonge en avant, sans croiser l'œsophage, et se termine dans l'anus, qui est situé sur le même plan que la dixième rangée des stigmates.

Le *cercle coronal* porte douze tentacules, alternant, six plus petits et six plus grands; ceux-ci ne sont pas tous de la même grandeur.

Les *gonades* sont, comme d'ordinaire, dans le post-abdomen. L'ovaire est dorsal et est beaucoup moins volumineux que le testicule, qui occupe la plus grande partie du post-abdomen, sans qu'on puisse discerner distinctement les vésicules testiculaires séparément. Il est bien à regretter que la description que Herdman a donnée des deux espèces de *Psammaplidium* (*Ps. nigrum* et *Ps. antarcticum*) recueillies par le « Southern Cross » soit tellement courte qu'il est impossible de reconnaître avec certitude ces espèces.

Pourtant je crois assez probable que notre forme est différente, car Herdman dit du *Ps. nigrum* que la tunique externe est très molle et muqueuse et que la surface est divisée en compartiments polygonaux, ce qui n'est pas le cas chez notre *Ps. ordinatum*. L'autre, le *Ps. antarcticum*, est encore moins reconnaissable; mais la forme de la colonie est certainement bien différente, et Herdman n'aurait certainement pas laissé sans le mentionner l'arrangement des ascidiozoïdes en lignes assez régulières. Je crois donc que je suis justifié de créer une nouvelle espèce pour ces deux colonies.

Psammaplidium triplex n. sp.
(Pl. II, fig. 21-22; Pl. IV, fig. 51.)

HABITAT. — Chenal de Schollaert, 2 colonies.

Caractères extérieurs. — Les deux échantillons de ce curieux *Psammaplidium* sont d'une taille assez différente. Le plus grand a une forme bulbeuse irrégulière; son plus grand diamètre est de 7 centimètres, son épaisseur de 5 centimètres à peu près. La surface est lisse et glabre, la couleur grisâtre. Il n'y a pas d'orifice cloacaux communs. On voit les ascidiozoïdes à travers la couche superficielle de la tunique externe sous forme de trois lignes parallèles, qui représentent l'endostyle et les deux rangées longitudinales de stigmates décrites plus bas. Ces trois lignes parallèles sont dirigées dans toute sorte de directions, sans qu'on puisse reconnaître la moindre régularité, et, par conséquent, il n'y a pas de systèmes. Les orifices branchiaux sont très petits et difficiles à discerner. Ils semblent avoir six lobes.

Les *ascidiozoïdes* sont très longs : les adultes atteignent 13 millimètres, dont 2 et demi pour le thorax, 2 et demi pour l'abdomen et 8 pour le post-abdomen. Le dernier est situé dans le prolongement de l'abdomen. Les ascidiozoïdes ne sont pas rectangulaires sur la surface, mais recourbés fortement, de sorte que la face ventrale est à peu près parallèle à la surface de la colonie. Le siphon branchial est tout en avant, tourné un peu ventralement; le siphon cloacal, sur la face dorsale, un peu en arrière du tiers antérieur du thorax. L'orifice branchial est entouré de six lobes, l'orifice cloacal de même, mais peu prononcés.

La *tunique externe* est très résistante, non seulement par les nombreux grains de sable, mais aussi parce que le tissu lui-même est très tenace. Il n'y a pas de cellules vésiculaires.

La *tunique interne* est mince et transparente, mais pourvue pourtant de faisceaux musculaires assez forts et la plupart dirigés longitudinalement.

Le *sac branchial* n'a qu'un appareil respiratoire peu développé, parce que les fentes branchiales se sont restreintes seulement dans la partie correspondant au milieu des deux côtés du sac branchial. A côté du raphé dorsal et de l'endostyle, il y a une bande, comprenant le tiers environ de toute la largeur, sans fentes. Seulement le tiers moyen possède une rangée de dix stigmates. Ceux-ci sont très étroits ; les plus dorsaux sont aussi très courts, mais ils grandissent vers la partie plus ventrale. Il n'y a pas de côtes longitudinales; les côtes transversales sont assez larges et remplies amplement de corpuscules sanguins, de même que les petits vaisseaux entre les stigmates. En tout, il y a treize rangées de stigmates, tandis qu'une partie antérieure assez large et une partie postérieure plus étroite ne sont pas percées par des fentes. L'endostyle est large.

L'*entonnoir vibratile* est un peu triangulaire avec les côtés arrondis. La glande neurale, un peu en arrière, ronde, a le bord entaillé.

Le *ganglion neural* long, en forme de navette, est situé presque tout à fait derrière la glande neurale; la pointe antérieure seule est couchée sur la glande neurale.

Le *raphé dorsal* est formé de treize languettes courtes; les antérieures, plus courtes encore que les postérieures, sont en forme de papilles.

Le *tube digestif* commence par un œsophage étroit et aussi long que l'estomac. Celui-ci est situé dans l'axe longitudinal du corps, de forme ovale et à paroi lisse, sans aucun épaississement. L'intestin proprement dit se recourbe dorsalement et fait encore un élargissement de la même forme que l'estomac, mais plus petit. Le rectum court tout droit en avant et ne croise pas l'œsophage; l'anus, situé un peu derrière le siphon cloacal, a son bord incisé en deux lobes.

Le *cercle coronal* porte huit tentacules, dont quatre sont beaucoup plus grands que les quatre autres.

Les *gonades* sont situés, commé d'ordinaire, dans le post-abdomen. L'ovaire, assez petit, consiste en plusieurs œufs petits et quelques-uns plus grands. Les testicules ne sont pas très volumineux et n'occupent qu'une partie assez petite dans le milieu du post-abdomen.

C'est une forme bien caractéristique par la structure curieuse du sac branchial, qui fournit le dessin particulier que l'on observe à la surface de la colonie. La situation des ascidiozoïdes à l'égard de la surface est en conséquence différente de celle qu'on trouve ordinairement.

Psammaplidium radiatum n. sp.
(Pl. II, fig. 23-24; Pl. IV, fig. 52.)

HABITAT. — Ile Anvers, Chenal de Scholaert, 64 mètres, 2 ex. — Ile Booth Wandel, plage, 5 ex. — Ile Booth Wandel, 40 mètres, 7 ex. — Port Charcot, 40 mètres, 12 ex.

Caractères extérieurs. — Les colonies forment une masse plus ou moins hémisphérique ou ovoïde attachée par la base aplatie sur différents corps étrangers. Deux exemplaires pourtant sont plus cylindriques et pourvus d'un pédicule. Au milieu de la face arrondie, se trouve l'orifice cloacal commun, assez distinct dans les colonies conservées dans le formol, moins distinct chez celles conservées dans l'alcool. Les ascidiozoïdes sont situés en rangées assez droites, qui convergent au centre de la colonie, où se trouve l'orifice cloacal commun. Pourtant cet arrangement des ascidiozoïdes n'est pas tout à fait régulier, car souvent les rangées n'atteignent pas le centre et sont un peu courbées. Les orifices branchiaux ont six lobes très peu distincts, mais ils sont situés sur de petits tubercules, qui démontrent la présence des ascidiozoïdes. La couleur est rendue grisâtre par le sable dans la tunique externe. La plus grande colonie est longue de 70 millimètres, large de 35 et épaisse de 10 millimètres.

Les *ascidiozoïdes* atteignent 15 millimètres de long et sont divisés en thorax, abdomen et post-abdomen. Le thorax et le post-abdomen atteignent tous deux une longueur de 6 millimètres, tandis que l'abdomen n'a que 3 millimètres. L'orifice branchial est distinctement pourvu de six lobes ; l'orifice cloacal est sur la face dorsale, à 2 millimètres derrière l'orifice branchial ; il est pourvu d'une grande languette, qui est divisée profondément en trois lobes pointus.

La *tunique externe* est assez tenace et pourvue d'une profusion de petits grains de sable accumulés spécialement dans la couche superficielle, qui par là est plus résistante que la masse intérieure. Quant à la structure histologique, on ne trouve que les petites cellules, en forme d'astérisque (*Testazellen*), mais point de cellules vésiculaires (*Blasenzellen*).

La *tunique interne* est pourvue d'une musculature assez forte ; les fibres longitudinales surtout sont bien développées.

Le *sac branchial* est grand, possède douze à quatorze rangées de stigmates longs ; chaque rangée compte quatorze à seize stigmates. L'endostyle est étroit.

L'*entonnoir vibratile* a la forme d'un petit cercle.

Le *raphé dorsal* consiste en quatorze à seize languettes assez longues.

L'*intestin* est court et ne se prolonge que de 3 millimètres derrière le thorax. L'œsophage court se termine dans l'estomac, qui lui aussi est assez petit et est pourvu de quatre plis assez profonds ; mais chaque quartier a l'épithélium interne plissé transversalement. Après l'estomac, le tube digestif se prolonge encore en arrière, puis se recourbe en avant, et l'anus se trouve au niveau du milieu du thorax. Le rectum est rempli de boules de matière fécale.

Les *tentacules* sont nombreux.

Les *gonades* sont situés dans le post–abdomen. L'ovaire, assez grand, occupe à peu près toute la longueur du post-abdomen à la face dorsale, les testicules occupant la partie ventrale. Dans la cavité cloacale, on trouve ordinairement deux à quatre larves appendiculaires très grandes, mesurant dans l'état enroulé 1 à 2 millimètres.

Comme je l'ai remarqué déjà plus haut, Herdman mentionne deux espèces de *Psammaplidium* de la mer Antarctique, le *Ps. nigrum* et *P. antarcticum* ; mais il n'en donne malheureusement qu'une description tellement courte et incomplète qu'il sera impossible de reconnaître ces espèces. Pourtant je ne crois pas que nos animaux soient identiques avec une de ces deux espèces. L'arrangement en lignes des ascidiozoïdes et les protubérances qu'ils forment sur la surface de la colonie sont tellement distincts que Herdman ne les aurait pas passés sous silence. Il dit bien du *Ps. nigrum* que la surface « is marked with conspicuous coarse granulations » ; mais il dit encore que la surface est caractérisée par des compartiments polygonaux. On ne saurait appliquer cette description à notre espèce, quoiqu'il soit nécessaire de reconnaître qu'il est impossible de se former une idée exacte des espèces que Herdman mentionne.

La forme des colonies est très variable, et il se trouve même deux échantillons qui ont un pédicule cylindrique et que je croyais d'abord appartenir à une autre espèce. Mais les ascidiozoïdes sont tellement pareils qu'on ne peut douter de l'identité de ces formes.

Psammaplidium annulatum n. sp.
(Pl. II, fig. 25-26.)

HABITAT. — Chenal de Scholaert, 30 mètres, 1 colonie.

Caractères extérieurs. — La seule colonie recueillie a une forme irrégulière et est attachée sur une branche de Gorgonide. La longueur est de 25 millimètres ; les autres dimensions sont 15 millimètres et 10 millimètres. La surface est glabre, mais on peut voir très distinctement les ascidiozoïdes comme de petites taches plus claires de 1 millimètre de diamètre environ. Chaque tache est nettement entourée par un cercle de grains de sable, de manière à former un réseau de lignes fines, blanches, dans les mailles duquel se trouvent les orifices branchiaux. Ces lignes sont pourtant très fines, parce qu'on ne trouve qu'une seule rangée de ces grains de sable. Les orifices branchiaux sont à six lobes et assez grands. Les orifices cloacaux communs sont peu nombreux et petits. La couleur en alcool est grisâtre ; les ascidiozoïdes sont visibles comme de petites taches jaunâtres.

Les *ascidiozoïdes* sont longs de 7 millimètres, dont 2 millimètres pour le thorax, 2 millimètres pour l'abdomen et 3 millimètres pour le post-abdomen ; mais les trois parties ne sont pas séparées par des étranglements. Le siphon branchial est court, et l'orifice a six lobes. L'orifice cloacal est pourvu d'une languette qui se termine en trois lobes papilliformes.

La *tunique externe* est gélatineuse et peu résistante. Dans la matrice, on ne trouve que des cellules en astérisque, mais point de cellules vésiculaires. Les grains de sable se trouvent partout dans la colonie, mais ils forment spécialement une couche mince d'une rangée de grains entourant chaque ascidiozoïde.

La *tunique interne* est pourvue d'une musculature assez forte, dont les faisceaux longitudinaux sont beaucoup plus développés que les autres.

Le *sac branchial* est bien développé et possède dix à douze rangées de stigmates longs et étroits. L'endostyle est large et va, par suite de la contraction des animaux, en serpentant.

L'*entonnoir vibratile* est en forme de cercle.

Le *raphé dorsal* est formé de dix à douze languettes courtes.

Le *tube digestif* commence par un large œsophage, qui se continue dans l'estomac. Celui-ci est oblong et plissé longitudinalement ; les huit plis ne sont pourtant pas très prononcés. L'intestin proprement dit s'élargit encore une fois derrière l'estomac avant de se recourber en avant. Le rectum se termine, sans croiser l'œsophage, à l'anus, au milieu du thorax.

Il y a huit *tentacules*, alternativement un peu plus grands et plus petits.

Les *gonades*, comme d'ordinaire, sont situés dans le post-abdomen ; l'ovaire plus en avant, à la face dorsale ; les testicules, beaucoup plus volumineux, occupent la plus grande partie du post-abdomen.

Le caractère le plus typique de cette espèce est l'arrangement des grains de sable à la surface, de manière que les ascidiozoïdes sont nettement inclus dans les mailles d'un réseau de grains de sable. Les autres caractères anatomiques ne donnent pas lieu à des remarques spéciales.

c. DIDEMNIDÆ.

Leptoclinum biglans n. sp.
(Pl. II, fig. 27-28.)

HABITAT. — Port Charcot, 40 mètres, 2 colonies. — Chenal de Schollaert, 30 mètres, 1 colonie.

Caractères extérieurs. — Deux des colonies obtenues ont à peu près la même grandeur. Elles forment une couche de 3 millimètres d'épaisseur sur des pierres et petits cailloux ; elles sont longues de 25 millimètres et larges de 20, mais d'un contour assez irrégulier. La troisième est plus allongée et plus épaisse. Sur la surface libre, on peut voir les ascidiozoïdes comme des petites taches plus claires et un peu proéminentes, formant de petits tubercules arrangés en lignes irrégulières. Sous la loupe, on voit que chaque animal est accompagné de deux petites boules d'un blanc très clair, une à gauche et une à droite. Les orifices branchiaux sont très petits, et seulement sous la loupe on voit les 6 lobes. Les orifices cloacaux communs ne sont pas très distincts. On en trouve avec peine deux ou trois en forme de petites fentes. La couleur est blanc grisâtre chez deux exemplaires ; une colonie est beaucoup plus foncée, d'un violet gris noir.

Les *ascidiozoïdes* sont petits, ne dépassant pas 2 millimètres, et sont divisés en thorax et abdomen, qui ont à peu près la même grandeur. Les deux sections sont réunies par un pédicule étroit et court. L'orifice branchial a six lobes distincts ; l'orifice cloacal est pourvu d'une languette. De chaque côté du thorax se trouve toujours une masse oblongue blanche, composée d'une accumulation énorme de corpuscules calcaires, qui causent un enfoncement latéral du thorax.

La *tunique externe* est assez résistante. Dans la matrice, on trouve seulement les petites cellules en astérisque ; il n'y a pas de cellules vésiculaires. Les corpuscules calcaires sont en forme de petits astérisques avec un diamètre de $0^{mm},033$. La forme en est assez variable ; tantôt les

piquants sont plus courts et pointus, tantôt plus longs et émoussés à
l'extrémité. La distribution aussi est très différente; à la couche superficielle, on les trouve toujours en grande quantité; dans l'intérieur de
la colonie, ils deviennent de plus en plus rares. En outre, on trouve chez
chaque ascidiozoïde les deux amas ovoïdes, mentionnés déjà plus haut.
Les corpuscules dans ces amas sont tout à fait pareils à ceux qu'on
rencontre plus isolés dans la tunique.

La *tunique interne* est pourvue d'une musculature longitudinale très
forte, tandis que les faisceaux transversaux sont très faibles.

Le *sac branchial* possède quatre rangées de stigmates longs et étroits.
L'endostyle est large.

L'*entonnoir vibratile* est petit et en forme de cercle.

Le *raphé dorsal* est formé de quatre languettes longues et pointues.

Le *tube digestif* est comme d'ordinaire assez court. L'œsophage est
courbé en forme de S et débouche dans l'estomac globulaire et à paroi
lisse. L'intestin propre et le rectum sont remplis de matières fécales
globulaires. L'anus est situé entre la deuxième et la troisième rangée
de stigmates du sac branchial.

Les *tentacules* sont au nombre de douze, dont six plus grands et
six plus petits.

Les *gonades*, comme d'ordinaire, sont situés à côté de l'intestin. Le
canal déférent fait trois tours seulement autour du testicule.

Quoique les trois exemplaires aient un aspect un peu différent, je
crois pourtant qu'ils appartiennent à la même espèce. La grandeur et
l'anatomie des ascidiozoïdes est tout à fait pareille. La forme des corpuscules calcaires est aussi la même, et surtout on trouve chez les trois
colonies les deux curieuses masses oblongues de corpuscules qui
accompagnent chaque animal. Cependant l'un des deux échantillons du
Port Charcot est assez différent de l'autre par sa couleur gris violet
foncé. Les amas calcaires qui accompagnent les ascidiozoïdes sautent
aux yeux beaucoup plus que chez les échantillons blancs, et on voit
plus clairement l'arrangement en lignes irrégulières. A ma connais-
sance, ce sont les premiers Didemnides trouvés dans l'Antarctique. Les
deux formes les plus méridionales trouvées par l'Expédition du « Chal-

lenger » sont le *Leptoclinum subflavum* et le *L. rubicundum*, provenant de Kerguelen; mais elles sont bien différentes de notre *L. biglans*. Les deux amas des corpuscules à côté des ascidiozoïdes sont très caractéristiques et manquent chez les espèces de Kerguelen. Un cas semblable a été décrit par Lahille (1) chez *Didemnum fallax*, et nouvellement Bjerkan (2) a décrit un nouveau Didemnide sous le nom de *Leptoclinides færoënsis* de l'Islande et des Far-Oer d'une profondeur de 420-590 mètres, où on trouve les deux poches avec les corpuscules calcaires, tout comme chez notre *L. biglans*; seulement ils sont beaucoup plus petits chez les animaux des mers arctiques que chez nos animaux de l'Antarctique. Ce sont pourtant seulement des formations de la tunique externe, qui sont indépendants des ascidiozoïdes eux-mêmes, et je ne comprends pas que Lahille les ait pris pour des restes de l'invagination primitive ectodermique.

ASCIDIACEA HOLOSOMATA

I. — PHLEBOBRANCHIATA.

a. *Corellidæ*.

Corella antarctica Sluiter.
(Pl. II, fig. 29 à 32; Pl. V, fig. 56.)

Sluiter, *Bull. Mus. Hist. nat.*, 1905, n° 6, p. 471.

HABITAT. — Ile Booth Wandel, 40 mètres, 27 échantillons.

Caractères extérieurs. — Le plus grand échantillon mesure 13 centimètres de longueur et 7 centimètres de largeur. Tous les échantillons, même les petits, sont comprimés latéralement. La surface est lisse et glabre sans corps étrangers; cependant, sur la partie postérieure gauche, par laquelle l'animal est attaché, se trouvent de petits cailloux, débris de coquilles, etc. Le siphon branchial est terminal, assez court, et l'orifice branchial large et pourvu de sept lobes. Le siphon cloacal est situé sur le milieu du corps, tourné vers le côté gauche. L'orifice cloacal

---

(1) LAHILLE, Recherches sur les Tuniciers des côtes de France, Toulouse, 1890, p. 81.
(2) P. BJERKAN, Ascidien von dem norwegischen Fischereidampfer « Michael Sars » in 1900-1904 gesammelt (*Bergens Museum Aarbog*, 1905, n° 5, p. 20).

est pourvu de six lobes. La couleur des échantillons conservés dans le formol, aussi bien que ceux dans l'alcool, est gris pâle plus ou moins transparente comme du verre.

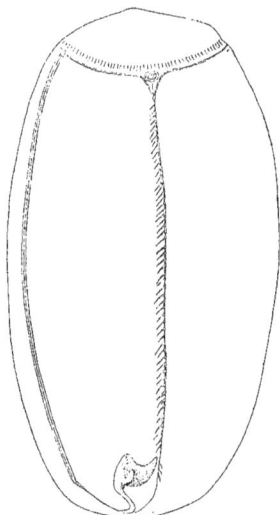

Fig. 1. — *Corella antarctica* Sluiter. — L'animal ouvert par la face ventrale. Le sac branchial et l'intestin ont été supprimés; on voit seulement l'entrée de l'œsophage, le raphé dorsal, l'endostyle, le cercle coronal avec les tentacules et l'entonnoir vibratile.

La *tunique externe* est gélatineuse, d'une épaisseur variable dans les différents échantillons, mais jamais considérable. Quant à sa structure microscopique, elle est très homogène sans cellules vésiculaires (*Blasenzellen*), avec seulement des cellules en astérisque (*Testazellen*). Les vaisseaux sanguins ne sont pas très nombreux dans la tunique externe.

La *tunique interne* est assez mince et pourvue d'une musculature peu forte, plus développée à la face gauche qu'à la face droite. Les deux siphons sont bien marqués et plus musculeux. Sur leurs extrémités, dans les coins entre les lobules, se trouvent de petites taches orangées.

Le *sac branchial* montre la structure habituelle des *Corella*. Les infundibula ont les stigmates recourbés plus ou moins distinctement en spirale, mais assez irrégulièrement. Les côtes longitudinales sont étroites, mais bien proéminentes dans la cavité du sac branchial. Les côtes transversales sont de deux ordres, alternativement plus larges et plus étroites. L'endostyle est étroit et peu proéminent, se terminant en cul-de-sac, un peu en avant de l'entrée de l'œsophage.

Le *tubercule dorsal* et l'*entonnoir vibratile* sont assez variables en forme. Dans les plus jeunes échantillons, l'entonnoir est en forme de demi-lune avec les deux cornes en avant; dans les échantillons plus grands, non seulement les cornes sont courbées en dedans, mais il vient

s'ajouter une autre ramification, qui se courbe en arrière ; aussi tout
l'orifice devient beaucoup plus large. La lèvre postérieure du cercle
péribranchial se prolonge derrière le tubercule dorsal en un long sillon
épibranchial, avant de se réunir pour former le raphé dorsal.

Le *raphé dorsal* se compose de nombreuses languettes, qui ne sont pas
toutes égales. Il y en a de très petites entre les plus grandes. Le raphé
est très long et s'étend jusqu'à l'extrémité postérieure du corps, où se
trouve l'entrée de l'œsophage.

Le *tube digestif* est situé du côté droit du sac branchial et commence par un œsophage assez court, dont l'entrée est contournée en
une spirale large et située tout à fait à l'extrémité postérieure du sac
branchial. L'œsophage débouche bientôt dans l'estomac volumineux, qui
est tourné en avant et un peu ventral. La paroi de l'estomac est plissée
assez finement, de sorte qu'à la face dorsale les plis sont plus réguliers
et parallèles les uns aux autres, tandis qu'à la face ventrale ils sont beaucoup plus irréguliers. L'estomac se rétrécit en avant, où il se recourbe
en arrière en passant dans l'intestin proprement dit. Celui-ci suit le bord
ventral et ensuite le bord tout à fait postérieur du corps, où il se prolonge
dans le rectum, qui est encore tourné en avant. L'anus à bord lisse
est situé un peu en arrière de l'orifice cloacal ; la première anse de
l'intestin n'atteint pas le milieu du corps. La glande hépato-pancréatique
couvre la plus grande partie de la paroi de l'estomac.

Le *cercle coronal* porte cinquante tentacules environ, la plupart longs
et filiformes. Il y en a aussi de plus courts, mais alternant assez irrégulièrement avec les grands.

Les *gonades* sont placés sur la paroi de l'intestin, mais de telle sorte
que l'ovaire est développé presque exclusivement sur le côté tourné vers
le sac branchial, le testicule au contraire sur le côté tourné vers la
tunique interne. L'oviducte et le canal déférent sont larges et suivent la
courbure de l'intestin pour se terminer un peu derrière l'anus.

C'est une espèce de *Corella* tout à fait géante. Bien que toute sa structure soit très typique pour le genre *Corella*, elle a entièrement l'aspect
d'une *Ascidia*, et j'ai cru d'abord avoir affaire à des échantillons
décolorés de l'*Ascidia Charcoti*, décrite plus bas. Jusqu'à présent, je ne

connaissais que des *Corella* d'assez petite taille, et, en outre, c'est la première *Corella* des mers antarctiques.

Ascidia Charcoti Sluiter.
(Pl. II, fig. 33-34 ; Pl. IV, fig. 50.)

Sluiter, *Bull. Mus. Hist. nat.*, 1905, n° 6, p. 471.

Habitat. — Ile Booth Wandel, 40 mètres, 74 échantillons.

Caractères extérieurs. — Corps atteignant 15 centimètres de long et 5 centimètres de large, comprimé latéralement. Le siphon branchial est terminal, et l'orifice branchial a sept lobes distincts, qui se continuent sur le siphon en sept sillons assez profonds ; les sept lobes portent des papilles coniques. Le siphon cloacal est situé plus en arrière, au tiers de la longueur totale, toujours tourné vers le côté droit ; il a six lobes distincts, et il est pourvu aussi de petites papilles coniques. La surface est pour la plus grande partie lisse ; chez les grands échantillons, souvent, elle est plus ou moins sillonnée. Les animaux sont attachés par la partie postérieure gauche. La couleur dans le formol est d'un orange rougeâtre très vif.

La *tunique externe* est assez épaisse, cartilagineuse, peu transparente. Sa structure histologique montre, pour la plus grande partie, de grandes cellules vésiculaires (*Blasenzellen*), qui atteignent leur plus grande taille dans la partie interne, où elles ont $0^{mm},218$ de diamètre, diminuant en grandeur progressivement jusqu'à la surface, où elles n'ont plus que $0^{mm},04$ de diamètre. Entre ces grandes cellules, on ne trouve que les petites cellules en astérisque (*Testazellen*), mais point de cellules pigmentées. Les vaisseaux sanguins se ramifient abondamment dans la tunique externe et se terminent en cul-de-sac près de la surface. Ces vaisseaux sont remplis non pas seulement de corpuscules sanguins non colorés, mais aussi de nombreux petits corpuscules orangés, qui donnent la couleur à tous ces vaisseaux.

La *tunique interne* est médiocrement musculeuse, quoique assez épaisse par le développement du tissu conjonctif, où se trouvent encore accumulés abondamment les petits corpuscules orangés.

Le *sac branchial* est plissé finement, mais très distinctement. Entre les côtes longitudinales se trouvent ordinairement deux plis et, sur chaque pli, cinq à six stigmates allongés. Souvent les stigmates sont déjà divisés en deux plus petits. Il n'y a jamais de côtes transversales secondaires.

Sur les angles des côtes longitudinales et transversales se trouvent des papilles très fortes, puis de plus petites sur les côtes longitudinales alternant avec les premières. Les globules orangés s'accumulent spécialement dans les côtes transversales, quoiqu'on en trouve aussi, mais peu nombreux, dans les côtes longitudinales.

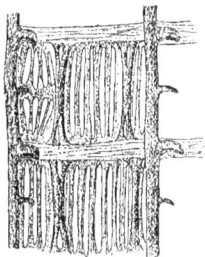

Fig. 2. — *Ascidia Charcoti* Sluiter.
— Portion du sac branchial.

Le *tubercule dorsal* et *l'entonnoir vibratile* sont en général en forme de fer à cheval; mais la position des deux cornes varie beaucoup.

Le *raphé dorsal* est assez large, formant un ruban continue sans languettes ou dents sur son bord libre, mais distinctement costulé.

Le *tube digestif* forme comme d'ordinaire une anse double. L'estomac et l'intestin sont tous deux volumineux, de manière que l'intestin recourbé touche l'estomac. L'anse atteint à peu près le milieu du corps ; l'anus est situé sur le même niveau.

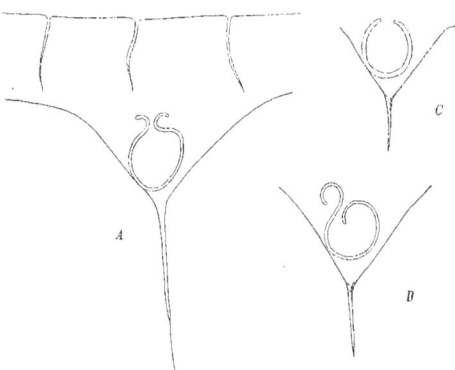

Fig. 3. — *Ascidia Charcoti* Sluiter. — On voit en A, B, C, trois formes différentes de l'entonnoir vibratile.

Le *cercle coronal* ne porte que douze à quatorze tentacules filiformes, qui sont à peu près de la même longueur.

Les *gonades* sont situés pour la plus grande partie sur la paroi de l'intestin et dans l'espace assez étroit laissé libre par l'anse intestinale. L'oviducte et le canal déférent sont à côté du rectum.

C'est bien l'ascidie la plus commune dans l'Antarctique, et il est curieux qu'elle ne soit pas représentée dans la collection du « Southern Cross ». Les 74 échantillons obtenus par l'Expédition Charcot sont de tailles très différentes, et j'ai donné plus haut les mesures du plus grand. L'anatomie interne ne diffère pas essentiellement des autres espèces d'*Ascidia ;* seulement la couleur rouge-orange n'est pas causée par des cellules pigmentées dans le tissu de la tunique externe, mais par des corpuscules pigmentés dans les vaisseaux sanguins. De même, chez *Ascidia mentula*, la couleur dépend des globules sanguins ; mais là tous les globules sont roses, tandis que chez notre *Ascidia Charcoti* on trouve une quantité de globules non colorés, mais, en plus, les corpuscules orangés. Ces derniers sont un peu plus grands, et je ne saurais dire s'ils sont ou non de vrais globules sanguins.

II. — STOLIDOBRANCHIATA.

a. *Styelidæ.*

Styela flexibilis Sluiter.
(Pl. III, fig. 36; Pl. V, fig. 54.)

Sluiter, *Bull. Mus. Hist. nat.*, 1905, n° 6, p. 471.

Habitat. — Ile Booth Wandel, 40 mètres, 26 échantillons.

Caractères extérieurs. — Les plus grands échantillons sont longs de 14 centimètres et larges de 7 centimètres, à peu près cylindriques, non comprimés latéralement. Les deux siphons sont courts, tous deux dirigés en avant et assez rapprochés l'un de l'autre, le siphon branchial regardant un peu du côté ventral, le siphon cloacal un peu du côté dorsal.

Les deux orifices sont quadrilatères. Les animaux sont attachés par la partie postérieure et se tiennent debout tout droits.

La surface est pourvue d'excroissances coniques de la tunique externe, se terminant en pointe aiguë. Chez les individus plus jeunes, de

3 à 5 centimètres de longueur, ces petits cônes atteignent une hauteur de 2 à 3 millimètres et sont très nombreux, de manière que les bases se touchent à peu près. Chez les plus grands individus, les excroissances coniques sont répandues plus irrégulièrement, et aussi la forme devient plus irrégulière et moins pointue. La couleur des jeunes individus est gris pâle, aussi bien dans les échantillons conservés dans l'alcool que dans ceux conservés dans le formol. Les plus grands sont d'une couleur un peu plus foncée et souvent un peu jaunâtre.

La *tunique externe* est assez mince et, quoique de nature filamenteuse, ressemble à du cuir, peu résistante et facile à déchirer, ce qui est plus prononcé chez les échantillons conservés en formol que chez ceux conservés en alcool. Il n'y a pas de cellules vésiculaires (*Blasenzellen*). On trouve seulement de nombreuses cellules en astérisque dans la masse filamenteuse. Les excroissances coniques ont la même structure ; deux vaisseaux sanguins relativement volumineux et avec des ramifications font circuler le sang dans ces cônes.

Fig. 4. — *Styela flexibilis* Sluiter. — L'entonnoir vibratile.

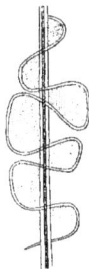

Fig. 5. — *Styela flexibilis* Sluiter. — Partie de l'endostyle.

La *tunique interne* n'est que faiblement développée, non seulement par son tissu conjonctif, mais aussi par sa musculature. Les faisceaux musculaires longitudinaux sont étroits, parallèles entre eux, mais situés à des distances assez grandes l'une de l'autre. La musculature transversale est encore plus faible.

Le *sac branchial* possède quatre plis, médiocrement larges. Entre deux plis, on trouve quatre côtes longitudinales. Les côtes transversales, pourvues de membranes horizontales assez larges, sont de quatre ordres différents, rangés de la manière suivante : 1,4,3,4,2,4,3,4,1, dont 1 est la côte la plus large, 4 la plus étroite. Dans les mailles se trouvent des stigmates longs, nombreux, atteignant le nombre de 20 ; souvent un petit vaisseau sanguin situé entre les stigmates est beaucoup plus large que les autres.

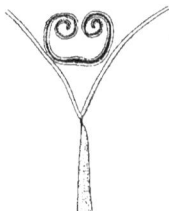

D'ailleurs on rencontre mainte irrégularité dans l'arrangement des côtes et des stigmates. L'endostyle est large, et les lèvres de la partie antérieure s'entortillent plusieurs fois chez tous les échantillons examinés, aussi bien chez ceux conservés en alcool que chez ceux conservés en formol.

Le *tubercule dorsal* avec l'*entonnoir vibratile* est grand, en forme de fer à cheval, avec les deux cornes contournées en volute, toutes deux en dedans.

Le *raphé dorsal* n'est pas très large et a le bord lisse, sans dentelures.

Le *tube digestif* ne s'étend pas plus loin que dans le tiers postérieur du corps. L'œsophage est court; l'estomac n'est que très faiblement strié longitudinalement; l'intestin proprement dit fait une anse étroite, et le rectum débouche dans un anus qui a le bord assez régulièrement entaillé.

Les *tentacules* sont au nombre de 40, filiformes, de différentes tailles, mais arrangés sans ordre régulier.

Les *gonades* se présentent sous forme de deux grands polycarpes très volumineux de chaque côté; parfois on en trouve 3 d'un côté.

Comme d'ordinaire, l'ovaire se trouve dans le centre du polycarpe, entouré par les vésicules testiculaires. Le canal déférent est distinctement visible à peu près sur toute la longueur du polycarpe. Les deux orifices de l'oviducte et du canal déférent sont très distincts, l'un à côté de l'autre. Plusieurs endocarpes assez grands sont attachés à la tunique interne.

Quoique l'anatomie interne de cette forme ne donne pas lieu à des remarques spéciales, l'aspect extérieur en est assez curieux pour une *Styela*. Les excroissances coniques de la tunique externe rappellent un peu celles qu'on trouve chez l'*Ascidia spinosa* Sluiter et décrites par moi, en 1904, dans les résultats de l'Expédition du « Siboga ». Là aussi se trouvent les deux vaisseaux sanguins avec leurs ramifications dans les cônes; mais la structure microscopique de la tunique externe est bien différente, et ce n'est sans doute qu'un phénomène de convergence.

Styela grahami Sluiter.
(Pl. II, fig. 35.)

Sluiter, *Bull. Mus. Hist. nat.*, 1905, n° 6, p. 473.

HABITAT. — Baie Biscoe, 110 mètres, 1 échantillon. — Ile Booth Wandel, 40 mètres, 12 échantillons.

Caractères extérieurs. — Cette espèce ressemble extérieurement beaucoup à l'espèce précédente. Les animaux sont aussi cylindriques, attachés avec la partie postérieure, les deux siphons courts dirigés en avant, les orifices, comme d'ordinaire, quadrilatères. Le plus grand individu obtenu est long de 9 centimètres et large de 4 centimètres. Seulement la surface est toute différente de l'espèce décrite ci-dessus. Il n'y a pas d'excroissances coniques, mais la surface est seulement sillonnée et par conséquent divisée en petits compartiments.

La couleur en alcool est gris sale plus ou moins jaunâtre.

La *tunique externe* est assez mince, coriace et beaucoup plus résistante que chez l'espèce précédente. La structure est fibreuse, sans cellules vésiculaires.

La *tunique interne* possède une musculature médiocrement forte, arrangée comme d'ordinaire.

Le *sac branchial* possède quatre plis de chaque côté. Ces plis sont pourtant très étroits et ne possèdent que quelques côtes longitu-

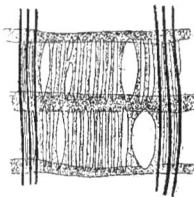

Fig. 6. — *Styela grahami* Sluiter. — Partie du sac branchial.

dinales, tout au plus quatre. Entre le raphé dorsal et le premier pli, il n'y a aucune côte longitudinale. Entre le premier pli et le second, il y en a trois ; entre le second et le troisième, six ; entre le troisième et le quatrième, dix, et enfin entre le quatrième et l'endostyle, quatre. Les côtes transversales sont alternativement plus grandes et plus petites et pourvues de membranes horizontales assez larges. Il y a en outre des côtes transversales secondaires qui occupent les stigmates. Dans les mailles se trouvent douze à quatorze stigmates ; mais, chez les animaux adultes, il y a toujours un ou deux stigmates de ces douze qui est beaucoup plus large que les autres, ce qui donne un aspect très caractéris-

tique au sac branchial. Chez les animaux jeunes, ces grands stigmates
font encore défaut. Il n'y a nulle part de papilles sur les côtes. L'endostyle est médiocrement développé.

L'*entonnoir vibratile* est en forme de fer à cheval, avec les deux cornes
contournées en dedans en volutes.

Le *raphé dorsal* assez étroit est à bord lisse.

Le *tube digestif* commence par un œsophage plus long que d'ordinaire et dirigé en arrière, parce que l'entrée de l'œsophage n'est pas
située à l'extrémité postérieure, mais un peu en avant.

L'estomac au contraire est dirigé en avant et un peu dorsalement, mais
n'atteint pas le milieu du corps. L'intestin proprement dit se recourbe
en anse étroite jusqu'à la moitié de l'estomac, puis encore en avant, et se
termine dans un long rectum tout droit qui aboutit à un anus dentelé, situé
tout en avant près du siphon cloacal. L'estomac est strié longitudinalement.

Les *tentacules* sont filiformes au nombre de dix, tous à peu près de la
même longueur.

Les *gonades* forment de chaque côté une seule glande hermaphrodite
très longue. L'ovaire est un tube, débouchant encore en avant de l'anus
et s'étendant sur toute la longueur du corps, faisant même encore quelques
courbures. Les vésicules testiculaires sont de différentes grandeurs et
sont situées à côté de l'ovaire, distribuées assez irrégulièrement sur lui.
L'oviducte et le canal déférent sont bien distincts, l'un à côté de l'autre.
Les endocarpes sont peu nombreux et assez petits.

C'est une *Styela* tout à fait typique, qui est bien différente de l'espèce
précédente et aussi de la *Styela lactea* Herdman, trouvée par le « Southern
Cross » à cape Adare. C'est la structure du sac branchial et la glande
génitale unique de chaque côté qui constituent les caractères les plus
nets de notre nouvelle espèce.

b. *Halocynthidæ*.

Halocynthia setosa Sluiter.
(Pl. III, fig. 37; Pl. V, fig. 57.)

Sluiter, *Bull. Mus. Hist. nat.*, 1905, n° 6, p. 472.

Habitat. — Ile Booth Wandel, 40 mètres, 2 échantillons.

Caractères extérieurs. — Les deux échantillons dragués ont à peu près la même grandeur. Ils ont une forme ovoïde, un peu aplatie latéralement, et sont longs de 75 millimètres, larges de 45 millimètres et épais de 35 millimètres. Tout le corps est couvert de longs poils, tellement serrés que nulle part on ne voit la surface de la tunique externe. Les poils ont jusqu'à 20 millimètres de long et sont épais à leur base de 1/2 à 3/4 de millimètre ; ils sont cylindrique avec de petites épines sur toute la longueur. A la base, il y a toujours un poil accessoire, beaucoup plus court, mais épineux comme le poil principal. Les deux orifices sont sessiles et difficiles à trouver sous le revêtement pileux. En écartant les poils, on trouve pourtant enfin les deux orifices quadrilatères. Les

Fig. 7. — *Halocynthia setosa* Sluiter. — La base d'un poil de la tunique externe avec son poil accessoire.

quatre lobes sont nus, dépourvus de poils. La couleur en alcool est grisâtre.

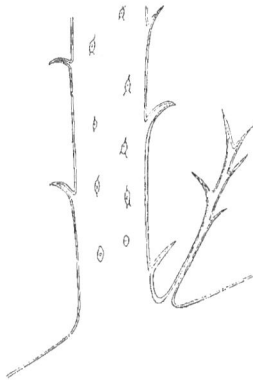

La *tunique externe* est assez mince, et, quoique coriace, elle est peu tenace et se déchire facilement. La structure microscopique est fibreuse, sans cellules vésiculaires (*Blasenzellen*), mais seulement pourvue des cellules en astérisque (*Testazellen*). Partout la tunique externe porte les longs poils mentionnés ci-dessus. Ce sont des excroissances creuses de la tunique externe même ; les vaisseaux sanguins de la tunique entrent dans l'intérieur de ces poils.

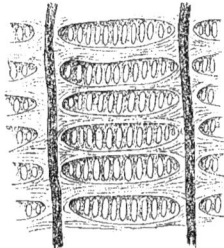

Fig. 8. — *Halocynthia setosa* Sluiter. — Partie du sac branchial.

La *tunique interne* possède une musculature très puissamment développée. La couche des fibres musculaires longitudinales est bien développée et est attachée assez solidement à la tunique externe ; mais c'est surtout la couche des muscles transversaux qui montre des faisceaux musculaires extrêmement forts, situés à la manière bien connue chez les *Halocynthia*. Les deux siphons sont très courts et à peine prononcés.

Le *sac branchial* est pourvu de six plis de chaque côté.

Les plis sont larges, de sorte qu'ils se touchent à peu près, quand ils sont couchés sur le plan du sac branchial. Entre deux plis se trouvent six à huit côtes longitudinales. Les côtes transversales sont de trois ordres, alternant de la manière suivante : 1, 3, 2, 3, 1. Dans la série, 1 est la plus large et 3 la plus étroite. Dans les mailles, on trouve ordinairement dix à douze stigmates ovales et assez courts; ceux du milieu de la maille sont les plus grands.

Il y a cependant maintes irrégularités dans l'arrangement des côtes et des stigmates; il arrive surtout que les côtes longitudinales et transversales ne sont souvent pas à angle droit les unes sur les autres. Il n'y a pas de côtes transversales secondaires, coupant les stigmates. Des membranes horizontales assez larges couvrent en partie les stigmates. L'endostyle est assez large et proéminent.

Le *tube digestif* forme une anse largement ouverte, qui s'étend bien en avant. L'estomac, pas très spacieux, a ses parois lisses. L'anus a le bord entaillé légèrement.

Le *tubercule dorsal* est à peu près circulaire, avec l'entonnoir vibratile en forme de fer à cheval, les deux cornes recourbées en spirale.

Le *raphé dorsal* est formé de nombreuses languettes triangulaires pointues, qui sont serrées immédiatement l'une après l'autre.

Le *ganglion cérébral* est très grand, en forme d'X et situé tout près du tubercule dorsal.

Le *cercle coronal* porte environ quarante tentacules, de trois tailles différentes, arrangés de la manière ordinaire; ils sont tous ramifiés abondamment.

Les *gonades* sont bien développés et situés sur les deux côtés, comme d'ordinaire chez le genre *Halocynthia*.

C'est une espèce bien caractéristique par les longs poils, qui couvrent tout le corps et même beaucoup plus régulièrement que chez le *H. echinata* L. des mers du Nord. Tous les organes sont développés vigoureusement, spécialement la musculature et le système nerveux, qui a un grand ganglion cérébral.

c. *Boltenidæ.*

Boltenia Turqueti Sluiter.

(Pl. III, fig. 38-41 ; Pl. V, fig. 58.)

Sluiter, *Bull. Mus. Hist. nat.*, 1905, nº 6, p. 473.

HABITAT. — Ile Booth Wandel, 40 mètres, 2 échantillons.

Caractères extérieurs. — Le corps proprement dit est à peu près globuleux avec un diamètre de 40 millimètres ; la queue est longue et grêle, mesurant 200 millimètres de longueur et 2 millimètres en diamètre. Elle est attachée par une base élargie sur de petites pierres. Les deux siphons sont très courts, les deux orifices distinctement quadrilatères. Le corps se continue dans la queue sur la face ventrale, non loin du siphon et de l'orifice branchial. L'orifice cloacal est situé sur la face dorsale beaucoup plus en avant, mais pas tout à fait sur l'extrémité antérieure. La ligne dorsale entre les deux orifices est à peu près droite ; la ligne ventrale recourbée fortement, forme 3/4 d'un cercle. La surface est lisse. On y remarque seulement de faibles sillons longitudinaux. Avec la loupe, on peut discerner de toutes petites excroissances d'une couleur plus foncée. La couleur du corps est gris pâle, jaunâtre ; la queue est plus foncée, brun jaunâtre, avec des sillons transversaux irréguliers.

La *tunique externe* est mince, mais coriace, sillonnée faiblement en long, surtout entre les deux orifices et près de la queue.

La *tunique interne* est pourvue de la musculature typique, qui est développée assez fortement sur le côté droit du corps.

Le *sac branchial* est pourvu de sept plis larges de chaque côté. Entre deux plis, on trouve ordinairement six côtes longitudinales, qui sont à des distances variables les unes des autres. Les côtes transversales sont arrangées pour la plus grande partie très irrégulièrement, c'est-à-dire qu'ordinairememt elles ne sont pas disposées à angle droit sur les côtes longitudinales, mais forment des angles variables avec elles ; pourtant il y en a aussi qui sont rectangulaires. Entre deux côtes longitudinales, il y a de six à dix stigmates longs et étroits.

Les rangées des stigmates font des angles obliques par rapport aux côtes longitudinales. A des distances irrégulières, on trouve des côtes transversales très larges. Des côtes transversales secondaires, qui coupent les stigmates, se trouvent presque partout. Il n'y a nulle part de papilles sur les côtes. L'endostyle est médiocrement développé.

L'*entonnoir vibratile* est en forme de fer à cheval; les deux cornes sont simplement recourbées en dedans, sans former des volutes.

Le *raphé dorsal* est formé de nombreuses languettes grêles.

Le *tube digestif* est situé sur le côté gauche du corps, formant une anse simple assez étroite. L'entrée de l'œsophage est entourée par une région striée en forme de rayons, laissant lisse seulement la partie située tout près de l'œsophage. L'endostyle et le raphé dorsal se prolongent à côté de cette région et passent l'un dans l'autre sous forme d'une membrane étroite. L'estomac est à peine plus volumineux que le reste de l'intestin. Tout l'intestin s'étend de la queue jusqu'au siphon cloacal.

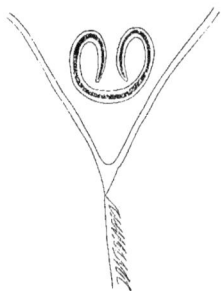

Fig. 9. — *Boltenia Turqueti* Sluiter. — L'entonnoir vibratile et une partie du raphé dorsal.

Le *cercle coronal* porte en tout vingt-quatre tentacules ramifiés. Sur la face ventrale, ils sont à peu près égaux; plus dorsalement, il y en a de plus grands et de plus petits alternant, et tout à fait sur la face dorsale on en trouve de trois ordres.

Les *gonades* sont comme d'ordinaire de chaque côté; ils ont la forme d'une longue glande hermaphrodite; celui du côté gauche est placé dans l'anse de l'intestin. Les orifices du canal déférent et de l'oviducte sont à côté du rectum, un peu derrière l'anus.

Jusqu'à présent, je ne connais que deux espèces de l'Antarctique, la *Boltenia legumen* Lesson du détroit de Magellan et la *Boltenia bouvetensis* Michaelsen, d'une profondeur de 567 mètres, à l'est de l'île Bouvet. Notre nouvelle espèce est pourtant bien différente de ces deux-là. Je ne crois donc pas qu'on puisse compter le détroit de Magellan et l'île Bouvet comme faisant partie de l'Antarctique, quand on prend en considération la distribution des Ascidies.

L'anatomie de notre nouvelle espèce ne donne pas lieu à des remarques spéciales.

Boltenia salebrosa Sluiter.

(Pl. III, fig. 42-43.)

Sluiter, *Bull. Mus. Hist. nat.*, 1905, n° 6, p. 473.

Habitat. — Ile Booth Wandel, 25 mètres, 2 échantillons.

Caractères extérieurs. — Le corps proprement dit est long de 45 millimètres, large de 30 millimètres, comprimé latéralement de manière que l'épaisseur est de 18 millimètres. La queue des deux échantillons recueillis est longue de 90 millimètres ; mais, chez tous deux, elle s'est cassée, et elle a eu peut-être une longueur plus grande. La position de la queue et des deux siphons est la même que chez l'espèce précédente, mais les deux siphons sont plus longs et plus distincts. Les deux orifices sont quadrilatères. La ligne dorsale entre les deux siphons est longue de 20 millimètres et un peu concave. La ligne ventrale est fortement courbée et beaucoup plus longue, à peu près 85 millimètres.

La surface est ridée et sillonnée très irrégulièrement et en partie couverte de petites colonies de Bryozoaires. La coloration est d'un jaune grisâtre.

La *tunique externe* est assez mince, mais très coriace, nacrée en dedans. La structure est fibreuse, sans cellules vésiculaires, mais seulement avec des cellules en astérisque.

La *tunique interne* est pourvue d'une musculature très forte.

Sur le côté dorsal, la couche extérieure des fibres longitudinales est particulièrement forte et se prolonge sur les deux siphons. Sous cette couche de fibres longitudinales se trouvent les fibres diagonales, qui se croisent rectangulairement. Sur le côté ventral, au contraire, les fibres transversales sont beaucoup plus fortes que les longitudinales. En général, la musculature du côté gauche est plus faible que celle du côté droite.

Le *sac branchial* est pourvu de chaque côté de sept plis, médiocrement larges. Entre deux plis, il y a de huit à dix côtes longitudinales, qui sont à une distance bien différente l'un de l'autre ; celles tout près du pli sont beaucoup plus rapprochées que les autres ; les côtes transversales sont très irrégulières. A des distances plus ou moins égales, on trouve des côtes très larges et à peu près rectangulaires sur les côtes longitudinales. Entre ces côtes larges, les côtes transversales sont de grandeur bien variable, et aussi la direction est ordinairement plus ou moins oblique. Dans les mailles, il y a de six à dix stigmates, formant des rangées souvent très irrégulières et parfois même distribuées sans aucune régularité.

L'endostyle est médiocrement développé.

L'*entonnoir vibratile* est en forme de fer à cheval ; les deux cornes sont contournées en volutes ; celle de droite a le dernier tour tourné en dehors.

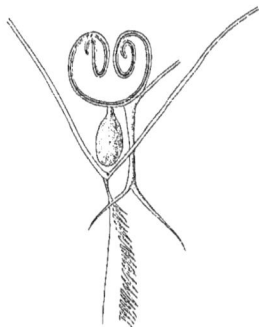

Le *raphé dorsal* a de nombreuses languettes filiformes.

Le *ganglion cérébral* est situé tout à fait en avant, près de l'entonnoir vibratile.

Le *tube digestif* forme comme d'ordinaire une anse simple et longue s'étendant dans la moitié ventrale du corps sur toute sa longueur. L'estomac est à peine plus volumineux que les autres parties de l'intestin.

Fig. 10. — *Boltenia salebrosa* Sluiter. — L'entonnoir vibratile avec son entourage.

Les *tentacules* sont au nombre de vingt, richement ramifiés, de différentes tailles, alternativement plus grands et plus petits.

Les *gonades* sont développés de chaque côté en forme d'une longue glande hermaphrodite ; celle du côté gauche est située dans l'anse de l'intestin.

L'anatomie de cette espèce ressemble beaucoup à celle de l'espèce précédente ; seulement le nombre et l'arrangement des tentacules, la structure du sac branchial et la musculature de la tunique interne sont plus ou moins différents. De plus, l'aspect extérieur des deux animaux est tellement différent que je ne crois pas qu'on puisse les rattacher à une même espèce, quoique les deux formes soient sans doute très voisines l'une de l'autre.

d. *Molgulidæ*.

Molgula maxima Sluiter.

(Pl. III, fig. 44-45; Pl. V, fig. 49.)

Sluiter, *Bull. Mus. Hist. nat.*, 1905, n° 6, p. 471.

Habitat. — Ile Booth Wandel, ile Anvers, 30-40 mètres, 17 échantillons.

Caractères extérieurs. — Les animaux adultes sont longs de 18 centimètres, larges de 8 à 10, et plus ou moins comprimés latéralement.

Les deux orifices sont situés sur des siphons assez courts, mais larges.

Le siphon cloacal est dirigé tout en avant, tandis que le siphon branchial est situé sur le bord dorsal, plus en arrière.

Cette situation apparemment renversée est causée par le développement extraordinaire du côté ventral, qui est augmenté encore par le
prolongement du corps en arrière en un pédoncule court et large, faisant
partie du bord ventral. L'orifice branchial est bordé de six lobes, l'orifice cloacal de quatre lobes. La surface est un peu chagrinée par de
petites excroissances coniques de la tunique externe. La couleur en
alcool et en formol est grisâtre et plus ou moins transparente, imitant
un peu l'aspect d'une *Ascidia*.

La *tunique externe* est assez mince, cartilagineuse, plus ou moins
transparente et pourvue de petites excroissances, dans lesquelles entrent
des vaisseaux sanguins. Ces excroissances pourtant restent toujours
toutes petites, de manière que chez les grands échantillons elles sont
à peine visibles sans loupe. Quant à la structure histologique, il est à
remarquer que les cellules vésiculaires (*Blasenzellen*) font défaut; on
ne trouve que les petites cellules en astérisque (*Testazellen*).

La *tunique interne* n'est que faiblement développée, et la musculature
est faible. Les faisceaux musculaires longitudinaux sont étroits et très
éloignés l'un de l'autre; la musculature transversale est encore plus faible.

Le *sac branchial* est recourbé de manière que la partie ventrale est
beaucoup plus longue que la partie dorsale, qui est très courte. Il est
pourvu de chaque côté de sept plis assez larges. Entre deux plis, il y a huit
côtes longitudinales. Les stigmates sont arrangés assez irrégulièrement
dans des séries horizontales, souvent un peu recourbés, mais ne

forment jamais de spirales. Nulle part on ne rencontre des papilles.
L'endostyle est large et proéminent.

Le *tubercule dorsal* et l'entonnoir vibratile sont à peu près réniformes ;
les deux cornes contournées sont en volutes, mais dirigées en arrière et
à gauche et non pas en avant, comme d'ordinaire. Tout l'organe est particulièrement grand.

Le *raphé dorsal* est court par suite de la forte courbure de la partie
ventrale du sac branchial. Il est large et a le bord lisse.

Le *tube digestif* forme une anse très étroite, située à gauche du sac
branchial et repoussée vers le bord ventral et postérieur du corps.
L'œsophage est court et débouche dans l'estomac long et à paroi lisse.
Après l'estomac, l'intestin se courbe sur lui-même, se couche sur l'estomac et se termine dans un anus à bords non découpés, qui est situé tout
près de l'œsophage.

Les *tentacules* sont au nombre de trente-deux. Les plus grands sont
ramifiés abondamment, mais sont de trois grandeurs différentes. Il y a
huit tentacules très grands, alternant avec huit de grandeur médiocre, et
enfin, entre ces deux sortes, encore seize de toute petite taille.

Les *gonades* sont placés comme d'ordinaire ; il y a de chaque côté une
grande glande hermaphrodite, courbée en forme de demi-lune, dont les
orifices de l'oviducte et du canal déférent sont dirigés vers l'orifice
cloacal. Le sac rénal est très grand, situé contre la paroi droite du corps.

Sous plusieurs aspects, cette espèce ressemble à la *Molgula pedunculata* Herdman, trouvée par l'Expédition du « Challenger » au sud de
Kerguelen, et j'ai cru d'abord que l'espèce de la Collection du D' Charcot
était identique avec elle. Et, même à présent, je ne suis pas absolument sûr
que ce n'est pas le cas. Pourtant le nombre des tentacules est bien différent, car Herdman n'en mentionne que douze de deux tailles différentes ; mais, sur presque tous les autres points, les deux formes correspondent l'une à l'autre. Dans les échantillons de petite taille, où les
tentacules les plus petits ne sont pas encore développés, il y en toujours
seize. L'entonnoir vibratile a aussi les cornes toujours recourbées en
volutes. Il me paraît donc possible de penser que les deux formes
peuvent bien être identiques.

EXPLICATION DES PLANCHES

Fig. 28. — *Leptoclinum biglans* n. sp. Deux formes différentes des corpuscules calcaires.

Fig. 29. — *Corella antarctica* Sluiter. L'entonnoir vibratile et son entourage.

Fig. 30. — Même organe provenant d'un autre individu.

Fig. 31. — L'intestin et les gonades.

Fig. 32. — L'orifice branchial avec les six taches orangées.

Fig. 33. — *Ascidia Charcoti* Sluiter. Coupe de la tunique externe.

Fig. 34. — Le rectum avec l'anus.

Fig. 35. — *Styela grahami* Sluiter. Anatomie interne.

PLANCHE III

Fig. 36. — *Styela flexibilis* Sluiter. Le rectum avec les deux glandes génitales d'un côté.

Fig. 37. — *Halocynthia setosa* Sluiter. L'entonnoir vibratile avec son entourage.

Fig. 38. — *Boltenia Turqueti* Sluiter. L'intérieur du corps avec l'intestin, les gonades, les orifices branchial et cloacal.

Fig. 39. — *Boltenia Turqueti* Sluiter. Portion du sac branchial.

Fig. 40. — L'entrée de l'œsophage.

Fig. 41. — Le cercle coronal avec les tentacules.

Fig. 42. — *Boltenia salebrosa* Sluiter. L'animal dépourvu de sa tunique externe. *br*, siphon branchial; *at*, siphon cloacal.

Fig. 43. — *Boltenia salebrosa* Sluiter. Partie du sac branchial.

Fig. 44. — *Molgula maxima* Sluiter. Anatomie interne; la plus grande partie du sac branchial est enlevée.

Fig. 45. — *Molgula maxima* Sluiter. L'orifice cloacal avec les deux gonades et le sac rénal d'un jeune individu.

PLANCHE IV

Fig. 46. — *Colella pedunculata* Quoy et Gaimard. La colonie grossie deux fois.

Fig. 47. — *Tylobranchion antarcticum* Herdman. Un peu grossie.

Fig. 48. — *Pharyngodictyon reductum* n. sp. Un peu grossie.

Fig. 49. — *Amaroucium cæruleum* n. sp. Un peu grossie.

Fig. 50. — *Ascidia Charcoti* Sluiter. Grandeur naturelle.

Fig. 51. — *Psammaplidium triplex* n. sp. Portion d'une colonie un peu grossie.

Fig. 52. — *Psammaplidium radiatum* n. sp. Grandeur naturelle.

Fig. 53. — *Lissamaroucium magnum* n. sp. Grandeur naturelle.

PLANCHE V

Fig. 54. — *Styela flexibilis* Sluiter. Grandeur naturelle.

Fig. 55. — *Julinea ignota* Herdman. La base de la colonie attachée sur une pierre et un autre fragment détaché de la colonie. Grandeur naturelle.

Fig. 56. — *Corella antarctica* Sluiter. Grandeur naturelle.

Fig. 57. — *Halocynthia setosa* Sluiter. Grandeur naturelle.

Fig. 58. — *Boltenia Turqueti* Sluiter. Grandeur naturelle.

Fig. 59. — *Molgula maxima* Sluiter. Grandeur naturelle.

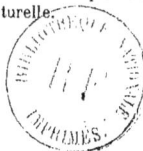

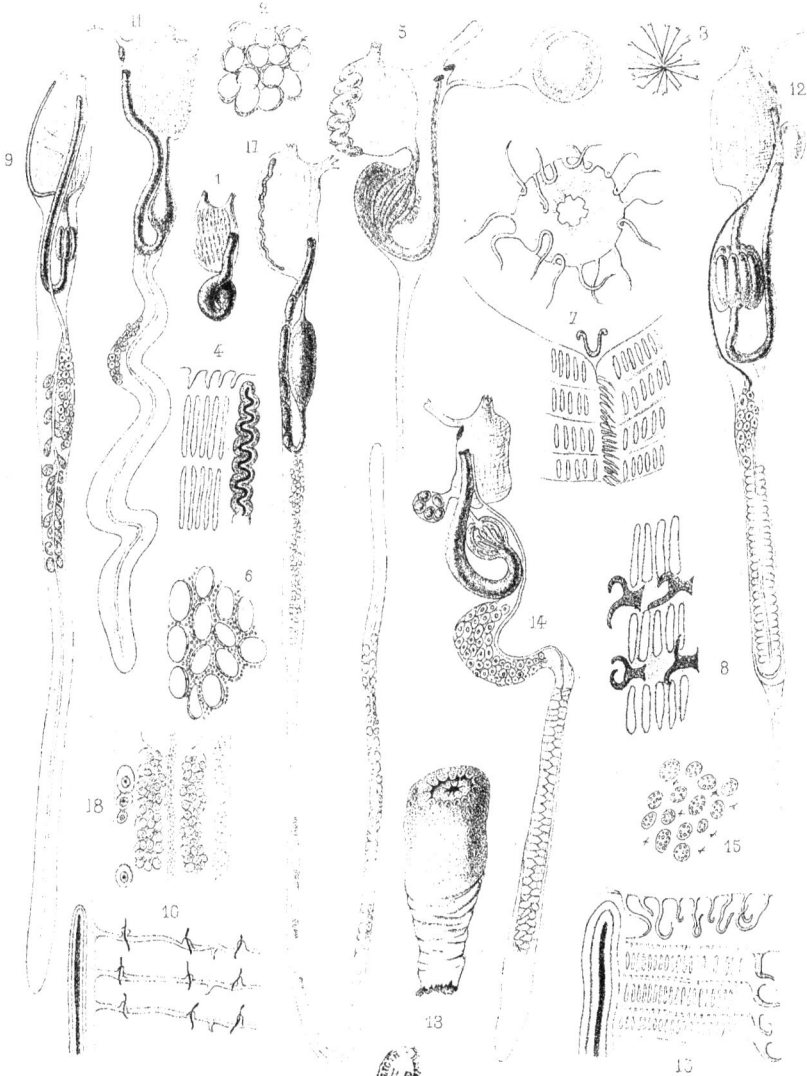

Sluiter del.

Imp. L. Lafontaine, Paris.

C. Reignier lith.

Masson & C.ie Éditeurs

Tuniciers

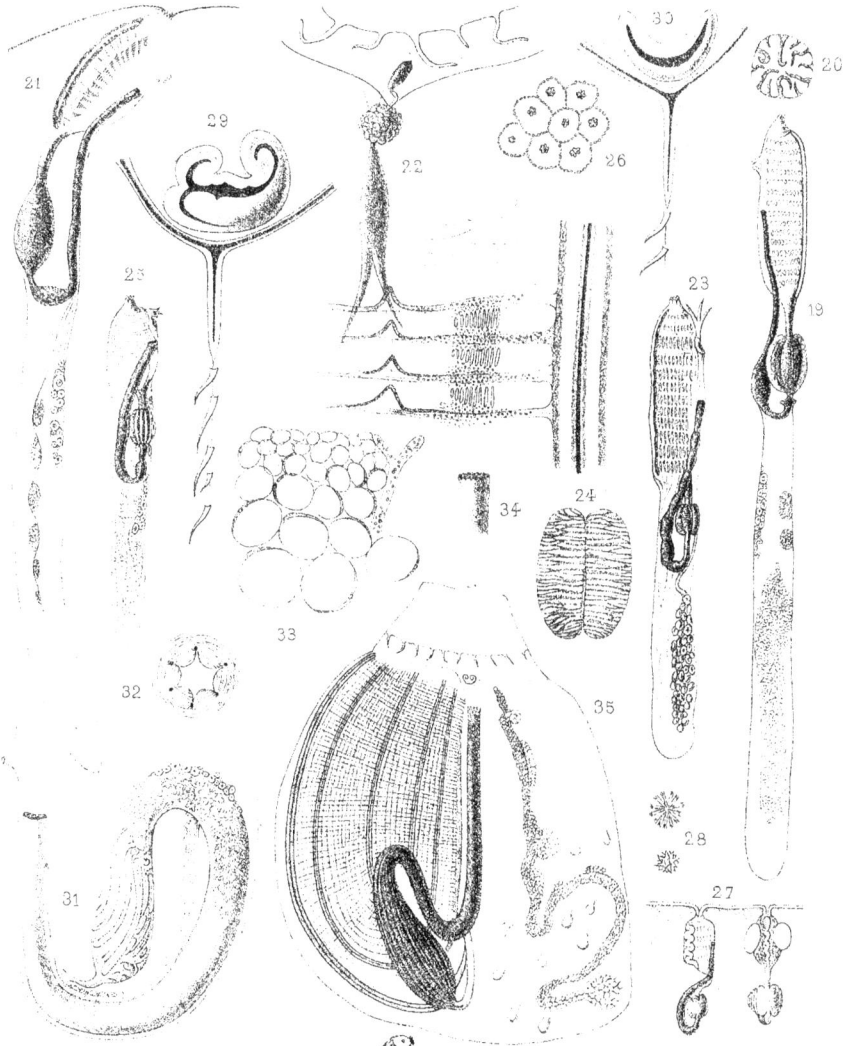

Sluiter del.   Imp.L.Lafontaine, Paris.   C.Reignier lith.

Tuniciers.

Masson & Cie Editeurs.

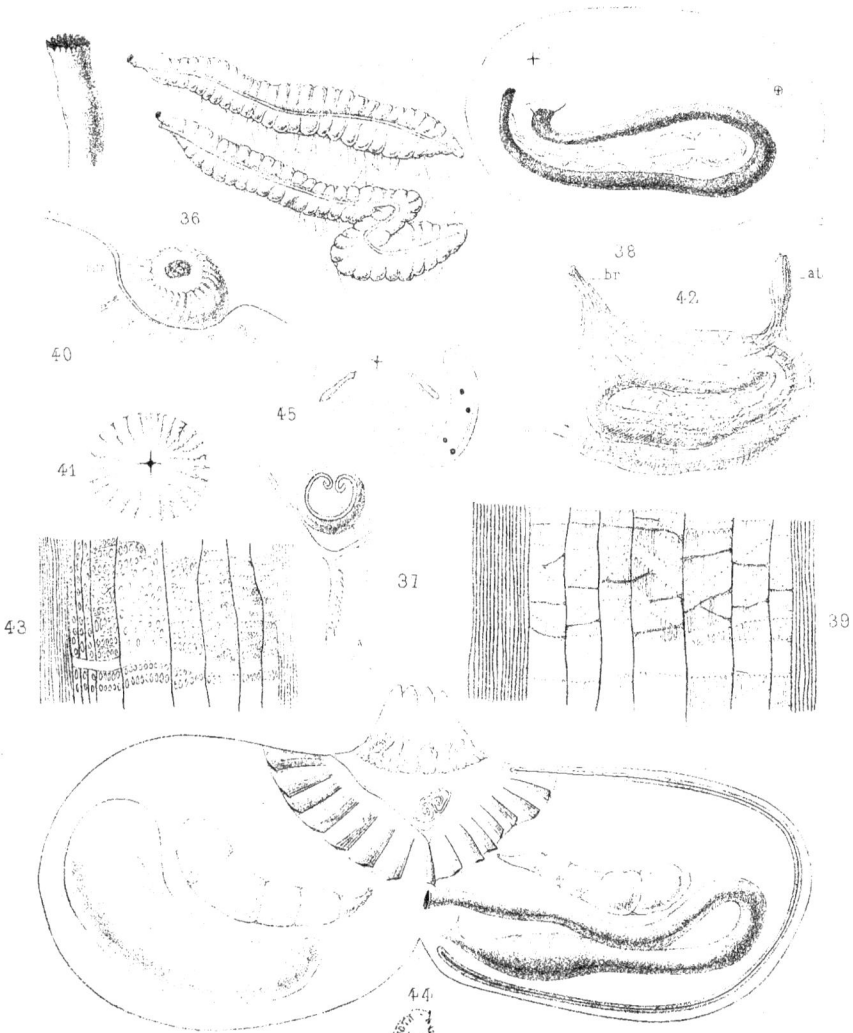

36

38

40

42

br   at

45

41

31

43

39

44

Sluiter del   Imp L Lafontaine, Paris   C. Reignier lith.

Tuniciers.

Masson & Cie Editeurs

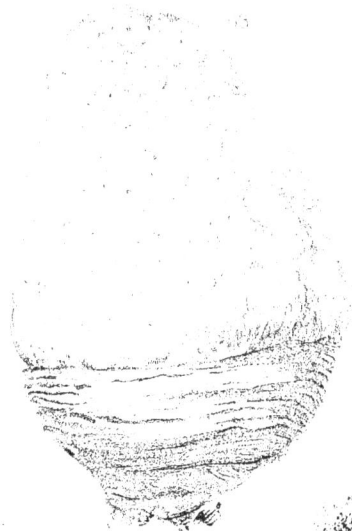

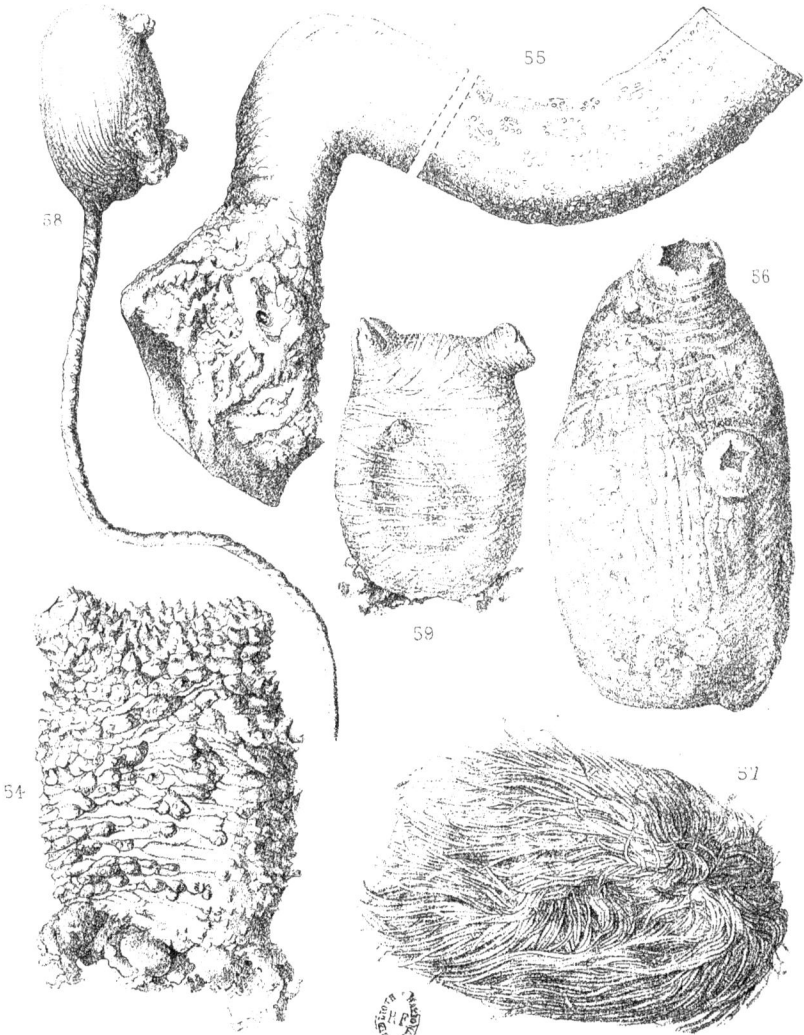

Sluiter del   Imp. L. Lafontaine, Paris.   C. Reignier lith.

Tuniciers.

Masson & C.ⁱᵉ Éditeurs.

Corbeil. — Imprimerie Ed. Crété.